一鍋到底
瘋野炊

戶外野炊的必備藏書

大家好，我是吳松濂，很高興能為型男主廚楊盛堯提筆寫序，盛堯不僅是我的妻舅，也是我亦步亦趨看顧成長的門生。他雖不是就讀餐飲專業，但卻有著一顆餐飲人熱忱的心，大學畢業後就躋身餐飲行列從事餐飲工作，憑藉著認真學習的精神以及樂業敬業的態度，逐漸顯露頭角，更不畏挑戰的屢獲國內外餐飲大賽殊榮，進而教育學子、出國習藝、擔任主廚，以及現在成為螢光幕前家喻戶曉的名廚，再再地表現出他對於餐飲廚藝工作的執著與追求。如今更是藉著書籍與廣大熱愛烹飪的讀者朋友們一起分享烹飪的樂趣與眉角喔！

這是一本實用又便利的書，更是一本居家旅遊的必備藏書，書中簡單快速的烹飪方法，不用大鍋小鍋像在搬家、一鍋搞定，讓您輕鬆享受戶外野炊美食，加上條理分明的備料流程，不僅讓你省去繁雜的準備工作，更不用煩惱菜單的呆樣化。書中帶入各國特色美食滿足每張挑剔的嘴，讓您和您的家人朋友們置身在味覺與視覺、驚喜與溫馨的美食饗宴，快速升溫您的戶外露營野炊的樂趣，更再加映下次相聚出遊的好回憶，這是一本不可多得的好書值得您的收藏，再次向您推薦。

最後，預祝盛堯的新書熱銷，也期許繼續堅持用好心做好菜，期待未來帶給我們更多的美食創作佳餚。

弘光科技大學餐旅管理系教授 **吳松濂**

一本田野美食的經典

台灣美食，美則美矣，卻養在深閨人未識。但此刻，本人提著雀躍的筆觸，為了提攜下一輩的年輕朋友能有更輝煌的發展，真的是厚顏來為《一鍋到底瘋野炊》做一個推薦，至於結尾的豐盛，就有賴喜好田野美食的諸公大眾來給予批評指教。

「它」真的很踏實有料，活潑不喧嘩、不取巧，每一個轉角的烹煮歷歷在目，程序流程簡單明瞭易懂，所有的專業敍述在字裡行間。不論在任何山野田林間，絕對可以減輕無謂的負擔，「它」真的是有如武俠劇裡的笑傲經典。

草草推薦絕對是一份真心。期待生活方式改變的年輕族群好友，不要再觀望，只要掏出您的內心，人手一本，您也絕對是一位田野美食的專家好手。

加油了！盛堯老弟！

阿基師（鄭衍基）

將野外露營
變成一種享受的生活風格

當初找上 Max 師傅當我們《上山下海過一夜》主持人時，我們向他開了一個條件，那就是「要讓野外露營變成一種生活風格，並且是一件非常享受的事，在戶外也要能吃到美食。」在顧及電視節目的畫面效果之下，我們又加上美食要有「視覺美感」及「觀眾也能做得到」等苛刻條件。

當時，Max 師傅聽到這些要求時，他的反應感覺有點像是「製作單位，你們是在無理取鬧嗎？」野外炊具很少，又沒有適當的料理空間啊！不過，在他接下節目的主持棒後，這也開始了他大展「瘋野炊」廚藝的舞台之路。

每次看 Max 師傅在外景中，總是能找出台灣各地最值得推薦的好食材，把做法用觀眾一看就會的小撇步來介紹，並把調味方式盡量簡化，做出一道又一道令人吮指回味，又同時想自己動手做做看的料理。真的非常厲害，也真心佩服他這些野外料理的創意巧思。

如果你也想在戶外大展廚藝，或者想帶著親朋好友在戶外過好生活，這本書的內容，絕對值得你來好好收藏。

三立電視台《上山下海過一夜》節目製作人 **陳鉦錩**

開創料理人的新視野

由於自己曾經學過廚務相關技能，跟 Max 出外景時，是抱著「內行看門道」的心情。經過一段時間發現，Max 不只具有俊帥的外表，還有非常嚴謹的廚師精神與料理態度，加上對於食材特色的掌握，以至於每次看到成品都讓我驚喜連連！這就是我所認識的 Max，人帥、廚藝好、點子多又會開玩笑。

對於 Max 的這本書，我愛不釋手，因為廚務料理是我的最愛之一，閱讀時拉回擔任學徒的記憶、想起各種料理的方式格外親切。看完這本書，可以開創料理人的新視野，對於食物的常識不再墨守成規，對於食材的運用擁有更多變化。我相信這本書可以讓你做出美味的食物，更能讓品嚐的人感受到用心與幸福。

雨林探險家／外景節目主持人 **黃仕傑**

好吃到想收進口袋菜單的
野炊佳餚

Max 大概是我認識最神奇的主廚了！我真不知他哪來的時間，可以一邊錄製三個節目、隨時規劃菜單、到各地捕撈食材等等。這些都是他的工作，但是在工作空檔時，他還會用美味佳餚來照顧身邊的朋友，似乎不管何時何地他都跟美食走在一起，除了偶爾在車上看小朋友漫畫之外（笑），真的很神奇！

錄製《上山下海過一夜》的這一年期間，舉凡山上、溪谷、海邊、漁場，任何稀奇古怪的自然地形都難不倒他，在如此野生的場合，卻總是可以吃到不輸高級餐廳的料理，甚至有好幾道我都在旁偷偷錄影、筆記、追問食譜，好吃到我想要回家自己做、放進口袋菜單裡。

除了廚藝好之外，如我上面所提及，他還會用美食來照顧身邊的朋友：我的手腳冰冷，他煮黑糖紅棗枸杞濃縮給我；父親節我說我想自己做蛋糕給爸爸，他幫我做好模型讓我在上面寫字畫畫；在公司錄完節目的美食，他會端去組上分給大家吃。這是他照顧身邊人的方式，暖心又暖身。

我知道大家無法像我們一樣，隨時錄影都攜帶著 Max 在身邊，但是這本書可以伴隨在你左右，就像他平常照顧身邊人一樣。想要吃什麼、煮什麼，在山上或是海上，暖心 Max 的手藝已經都收錄好在這本書裡給你了：）

預祝新書大賣，大賣之後再煮更多料理給我們吃，哈哈！

三立電視台《上山下海過一夜》節目主持人 **雷艾美**

用食材給身邊的人
帶來歡笑

一講到 Max，我腦海中就出現小當家的畫面。第一次看到他下廚的眼神，那股專注以及對料理的熱情，彷彿用眼神就可以把爐火給點起。

步調快的台北人，其實都很少下廚。有時候想要下廚的心，往往也被方便的外送平台給澆熄，很少有開伙的習慣，要在家煮一道家常料理更是難（沒錯！我說的就是我）。在家不能煮沒關係，我們就野炊吧（有種突破盲點了）。

自從接下外景節目後，我開始變成 outdoor 咖了。在節目中下廚時，總是會擔任小廚娘的我（二廚），在 Max 的帶領下，竟然能開始享受下廚的感覺，從備料到控制火候，從煮熟再到食材拼裝，我開始能完成一道料理，才發現料理其實不難，甚至開始喜歡下廚的感覺了（自己還私底下找 Max 做料理）。還將自己做的料理分享給別人吃，看到大家吃我的料理而感到開心，自己也覺得自己怎麼那麼厲害啊！

　　我跟 Max 其實很像，喜歡帶給大家開心。我透過影像帶給大家開心，Max 透過食材帶給大家開心。

　　私底下的 Max 其實很鬧，常常開他玩笑，說他一出廚房，智商馬上就變成小朋友了。但講到下廚，不管在哪，都能創造出不同風格的料理（甚至在懸崖峭壁下廚都難不倒他）。每一個吃過他的料理的人都讚不絕口、為之驚艷。相信大家看完這本書，也能透過下廚，帶給你們身邊的人開心。蛤吶！

節目主持人／ Youtuber
蕭志瑋八弟

從廚房到戶外，
都不能少了美食陪伴

細漢時有一次吃到爸爸做給我的鮪魚罐頭拌飯，簡單的滋味，卻讓我第一次驚覺食物可以滿足一個人，從此開啟我對烹飪的興趣。高三錄取大學後的空檔，我在母親協助下報名了餐飲證照班，經過三年，終於順利考取中餐乙級。但烹飪之道浩瀚如海，考取證照只是一個起點，在這之後，我遇見了恩師吳松濂師傅，有幸拜入其門下，才開始學習真正的廚藝。

在師傅的教導下，我一點一點累積自己的實力，稍有所成後離開師門進入了學校，陪伴莘莘學子一起成長、茁壯。從孩子們身上，我深刻體會了「教學相長」這句話，發覺當老師並不如想像中容易，反而必須比在業界懂得更多。業界是技術的專精，學界是原理的廣博。孩子們的問題千奇百怪，不受任何領域的限制，中、西、日、烘焙無一不問，為了幫他們解惑，我不得不比在業界時學得更多更廣，拚命拓展自己的知識。同時，也定下了我無國界料理的基礎。

在學校服務了五年後，一次美東廚藝巡迴的契機，我認識了匹茲堡在台商會長。在他的引薦下，我暫時留職停薪一年到他的無國界料理餐廳擔任副主廚。而當時的主廚、我現在的好友 Roger，無疑是無國界料理的佼佼者，美、墨、日料理都是他擅長的領域。我們一起切磋中餐技巧，吸收他對料理天馬行空的想法與架構，這段時光奠定了我對料理的定義——料理不分國界、不論技巧，只要吃的人開心，就是好菜一盤。

在接下《上山下海過一夜》主持人後，我更是認為如此。在戶外做菜，一定會有突發狀況發生，像是菜忘了帶、調味少一罐，有時候難免掃興。於是我就一直在想，若有一本食譜，可以教大家如何在家裡先備好料，只需要攜帶基礎調味到現場就好，一定可以讓烹調的過程更順暢，而且大幅拓展野炊料理的可能性。因此，誕生了這一本集結一年多來《上山下海過一夜》戶外烹調精華的《一鍋到底瘋野炊》。不論是節目上的大菜或是劇組私房料理，每一道都是適合在戶外輕鬆享受人生的好菜，而且做起來也一點都不麻煩。謹此，獻給喜歡美食的朋友們。

目　錄

CHAPTER 1

準備出發！
野炊的事前準備

CHAPTER 2

一鍋到底，簡單不馬虎
主　菜

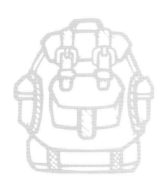

CHAPTER 3

野炊不能少的自然美味
蔬　菜

CHAPTER 4

就是要 Chill ！一鍋搞定一餐
主 食 & 湯 鍋

CHAPTER **5**

打卡 PO 一波！視味覺都滿足
早 餐 & 甜 點

走出廚房，
大自然是最好的
料理台

四面環海的台灣，各地都有漁港可以買到新鮮便宜的海產。

　　我人生第一次的戶外野炊，不是露營，是大學時期與朋友到宜蘭大溪漁港玩的時候。活跳的漁獲看得我們食指大動，忍不住買了鮮活大蝦和生猛螃蟹後，才開始在想怎麼料理。漁港附近有很多代客料理的店家，但當時我們不想吃千篇一律的熱炒，或是太重調味蓋掉了食物的本質。於是我在朋友的慫恿下，到附近五金行買了爐子、鍋子，到超商選購鹽、胡椒等簡單的調味料後，就找了個店家同意的騎樓，準備開啟現場烹飪的不歸路。

　　「忠於原味的料理」看似簡單，但在臨時起意的情況下，沒有廚具、水源支援，竟然花了我大半天才做好一道胡椒蟹與燒酒蝦。平常在廚房裡輕鬆完成的事，換了地點卻著實有些狼狽。但也因為這樣，吃進嘴裡那刻的感動更是深刻！鮮美的海鮮讓我和好友三兩下就狼吞虎嚥下肚。當時那種滿足感與直接和食材面對面的衝擊，到了多年過去後的現在，依舊令我記憶猶新。

在上山下海的日子裡，看見台灣

　　大約在兩年前，我接到了一個《上山下海過一夜》節目的外景主持人工作。剛開始製作人説，這個節目就是五個熱愛大自然的好朋友，到處走走看看、露營的戶外行腳節目。畢竟我很愛戶外活動，想都沒想就答應了，沒想到回過神變成五個青年的熱血爬山縱走之旅……節目精神也升級成台灣全記錄加野炊美食的 2.0 版本。

　　即使平常有戶外料理的經驗，在廚藝上也經過許多磨練，但這次的野炊挑戰對我來説依舊困難重重。難的是別家野炊都是家常菜，我們上山下海家的呢，可是要輕鬆簡單好攜帶、五星料理美擺盤，還要次次不一樣、每每有驚喜，就像在加羅湖上要吃到教父等級的牛排，加碼一鍋暖心的熱湯，還不能是火鍋這種大眾化的食物。當然最重要的，是要山友們真的做得出來……

　　為了符合這樣的條件，每次出發前，我都會更加仔細規劃所有的菜色。尤其是像十天大縱走這樣的長期行程，不只要計算保鮮天數、重量，在高山上的水源也非常珍貴。有一次為了取水，我還失足滑倒山坡，連滾了好幾圈，格外感受到野外生活的不容易。但也是這些寶貴的經驗，讓我的料理台從小小的廚房，擴展到無遠弗屆的大自然，成為了這本書的養分。

在高山上的野炊，從食材到設備都要斟酌考量。

野炊，不只是換個地方做菜

　　這幾年來，戶外活動在台灣逐漸風行，野炊其實越來越容易。野外享受食物，「安全新鮮」是唯一準則。隨著露營地規畫漸趨完善，冰箱、用電、水源等更加方便外，市面也出現多樣化的器具，幫助野炊者排除外在環境上的限制。當方便度提高後，自然就可以在飲食上求新求變，大大豐富了野外烹煮的選項。

　　但露營還能有保冰冰箱，若是登山或溯溪該怎麼辦呢？「食物保鮮」是野炊最困難的地方。尤其如果像我在節目中一樣要縱走個八天、十天，除了保鮮問題，食材的重量計算也一定要掌握好，才不會負重太重，爬得氣喘吁吁。遇到這樣的情況時，我也想了好幾招的前置妙方，像是把食材真空包裝、算好標準調味、使用乾燥蔬果等等，只要突破攜帶的瓶頸，野炊料理的選擇便可更多元化。

在當地就地取材入菜，也是野炊的一大樂趣。

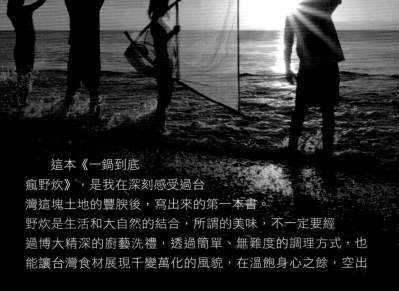

減化環境限制，讓野炊更隨心所欲

　　除此之外，經過多次戶外烹調，我發現器具的選擇也很重要。巧婦難為無米之炊，野外不比在室內，負重、保存、烹調都不容易。因此，每一道料理除了色、香、味外，烹調器具與盛裝容器都要經過縝密思考才能完成。

　　這也是為什麼本書誕生的原因。每一次節目播出，我都會收到許多朋友對食譜的熱情回饋，就像攝影師拍下美麗景色一樣，身為一個廚師，我選擇透過露營料理、野炊過程，向大家展現台灣的美好。我希望在這本書中，向大家分享我這幾年研究出的野炊方法。希冀大家能參考書中的方式，將食材做好處理，減輕負重好爬山，而且到目的地後又能快速烹調、不受空間與時間限制，在野外吃到豐盛的料理。

獻給喜愛野炊，喜歡台灣這塊土地的你

　　在錄製《上山下海過一夜》的過程中，我好幾次透過食材，被台灣深深觸動。在摘採愛玉時震懾於阿里山森林的高聳莊嚴，在飽滿的清蒸龍蝦中看見澎湖的蔚藍大海，在躍動的火焰裡體驗細火慢熬的柴燒麥芽。還有，在霧台的一顆一顆小小藜麥中，感受到魯凱奶奶掌心的溫度⋯⋯我是廚師，對於這塊土地，我想用食物逐一叩問。在山林田野海邊，感受到自然之

　　這本《一鍋到底瘋野炊》，是我在深刻感受過台灣這塊土地的豐腴後，寫出來的第一本書。野炊是生活和大自然的結合，所謂的美味，不一定要經過博大精深的廚藝洗禮，透過簡單、無難度的調理方式，也能讓台灣食材展現千變萬化的風貌，在溫飽身心之餘，空出

CHAPTER 1

準備出發！
野炊的事前準備

野炊基本上就是隨興，沒有非怎樣不可，許多不確定因素讓過程更有挑戰性和樂趣！
還能遇到很多當地才吃得到的美味食材，在大自然下品嚐的美味，試過就知道欲罷不能！

在戶外煮飯其實不難，只是受到設備、場地的限制，不像在家裡做菜隨心所欲，必須事先做好準備。
在這一章節中，我想要跟大家分享的，就是我跟著外景節目上山下海以來，
歸納出的一套事前準備方式，希望能讓大家有更輕鬆快樂的野炊體驗！

野炊料理的 4 大原則

我在設計野炊料理時，通常會考慮幾個重點。除了符合戶外條件，做法必須簡單方便，再來就是事前的準備，這點登山的時候尤其重要，因為我們不可能揹一堆鍋具和調味料爬山，在山上連一滴水都彌足珍貴。最後，當然就是味道了！身為一個專業的廚師，到了戶外，當然也要有配得上景色的美食才行！

以下幾點，是我構思野炊料理時的必備條件：

1 決定好鍋具

我在規劃菜單的時候，會先依照要去的地方、行程，想好用什麼鍋具烹調，盡量減少需要攜帶的行李。如果是開車去露營，帶 2、3 種鍋具還可以，但如果要登山，最好還是一口鍋子搞定吧。

2 一鍋到底的烹調方式

決定好鍋具後，就可以選擇要做的料理，盡量讓所有烹調在一鍋內搞定，免去洗鍋、換鍋的麻煩。1 和 2 兩點可以同時考量，例如想要吃燉煮的咖哩，就帶燉煮的燉鍋，其他菜色也以燉鍋可完成的為主。

3 減少要攜帶的調味料

出門帶很多瓶瓶罐罐不但麻煩，而且很重，我通常會在出發前先準備好需要的調味料用量，分成小包裝攜帶，或是在前置處理時就先混合在一起。這樣一來，重量大幅降低外，也不用被現場現有的調味料侷限，可以增加料理的豐富性。

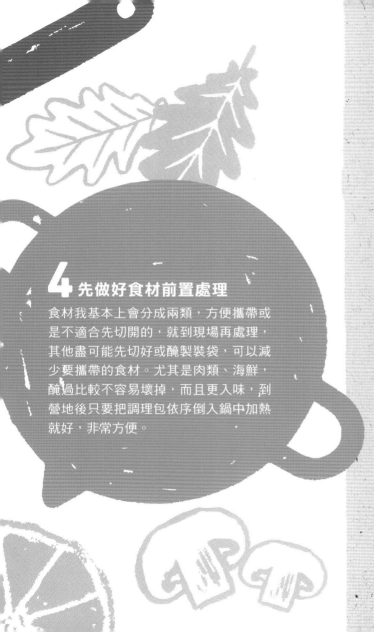

4 先做好食材前置處理

食材我基本上會分成兩類，方便攜帶或是不適合先切開的，就到現場再處理，其他盡可能先切好或醃製裝袋，可以減少要攜帶的食材。尤其是肉類、海鮮，醃過比較不容易壞掉，而且更入味，到營地後只要把調理包依序倒入鍋中加熱就好，非常方便。

BOX 做對食材的前置處理，讓野炊更輕鬆！

在出發的前一天，我會先把每餐食材分開處理好，利用保鮮袋或保鮮盒分裝，放冰箱冷藏，這樣不僅攜帶方便，也可以省去現場很多前置時間，縮短烹調的程序。如果是連續幾天的登山行程，我還會再利用乾燥蔬菜來減少重量。

前置處理的基本原則

1. 肉類或海鮮切好後，和醃料混合。
2. 可以切的蔬菜先切好，依照烹調時間裝袋。
3. 蒜頭、香菇等整顆更好帶，幾道料理共用的蔬菜直接攜帶。
4. 番茄、葉菜類等切開後不宜久放的蔬菜現場處理。
5. 調味料分裝小袋，同一道菜的調味可裝成一袋。
6. 番茄罐等差不多一次用量的罐頭食品，建議直接攜帶。

食材的分裝方法

將切好的食材放入乾淨的袋中

盡可能壓出袋中的空氣後密封

將袋子鋪平整，增加收納空間

一鍋到底的
三種選擇

野炊一般都是靠卡式爐或焚火台、烤肉爐升火,在鍋具的選擇上有幾個重點需要注意。除此之外,也要考慮到使用上的方便性,如果想要減輕行李,最好是一個鍋子可以有多種用途。以下三種是我在野炊時最常用到的烹調鍋具,本書食譜也都是以此設計。

平底鍋(不沾鍋)

挑選重點:不沾材質、厚底、最好有點深度

平底鍋是最常使用的鍋具,煎煮炒都方便,建議挑選不沾材質的深平底鍋,還可以用來煮帶有湯汁的料理。必須注意的是,一般平底鍋雖輕量,但在戶外野炊時,因為很常是直火烹調,如果鍋底薄很容易燒焦或蓄熱不足,建議挑選厚底的不沾鍋,不易刮傷且受熱均勻、好清洗。

燉　鍋

挑選重點:耐高溫、鍋身厚、密蓋性強

燉煮鍋不論燉煮炒炸都能派上用場,材質的選擇很多,鑄鐵、不銹鋼、陶瓷等等,只要鍋身夠厚且密蓋性強,適合燜煮都可以,但要注意材質是否能夠直火烹調。很多鍋具都做得很精美,直接煮好上桌就好看又大方。但如果是用焚火台或放在炭火上高溫烹調,建議選擇耐熱度高的鑄鐵或不銹鋼材質,例如野炊常用的荷蘭鍋。

烤肉爐／焚火台

挑選重點:尺寸、耐重度(依照需求)

現在很多營地都設有烤肉專區,升火非常方便。直接大火燒烤或烹煮出來的食物,別有一番滋味!如果沒有烤肉區,也可以自行攜帶焚火台、烤肉爐,但一定要先確認營區可否升火。可摺疊的焚火台便利性很高,而且有各種尺寸,像小型營火一樣超有氣氛,在各戶外用品店幾乎都買得到,如果會直接放上荷蘭鍋等鑄鐵鍋烹調,須注意耐重度不能太低。

野炊時的鍋具選擇，主要是依據攜帶的方便性。如果是開車露營，帶 2 ～ 3 個鍋子還不成問題，在烹調流程上自然更加便利。但登山的時候行李的負重也必須納入考量，最好以輕便、方便攜帶的為主。

野炊行李的準備

野炊最重要的，就是出發前的準備，如果到營區才發現少東少西就麻煩了。雖然配合現場狀況隨機應變也是一種樂趣，但還是儘可能先準備好，免得放鬆不成反而掃興。

爐具（卡式爐、高山爐、瓦斯罐）

野炊爐具一般比較常見的，可以分成平地使用的卡式爐，以及登山用的高山爐，兩者都是靠瓦斯罐點燃。卡式爐的種類很多，有單口爐、雙口爐等等，還有附擋風片的種類，搭配一般卡式瓦斯罐即可使用。至於高山爐則是專為登山者設計，體積小、重量輕，方便攜帶外，須購買高山專用的瓦斯罐，裡頭的瓦斯才能在溫度低的高山上順利點燃。

附擋風板的雙口卡式爐

高山爐

廚具（鍋鏟、刀具、砧板）

依照準備要做的料理，除了鍋具外，基本上大概會需要鍋鏟、湯勺、菜刀和砧板等，類型沒有一定限制，帶家裡用的也可以。如果想要輕便一點，現在戶外用品店也很容易買到專為野炊設計的廚具，輕量、好攜帶外，還有砧板刀具合一的產品等，對於不想要太多行李的人來說，方便度更高。

餐具

在戶外，必須準備好個人使用的湯匙、筷子、杯碗等，另外就是盛裝料理的碗盤。為了環保考量，希望大家減少使用一次性的餐具，從自己家裡攜帶當然也好，或是購買戶外用的餐具，最近戶外活動越來越普遍，便宜的價格就可以買到很多好用的餐具，還可以有美美的擺盤，讓野炊更賞心悅目。

餐桌

有時候在山上不方便攜帶或架設設備時，我們也會席地野炊，但如果情況允許，有張桌子會讓整個流程順暢許多，可以放置卡式爐、食材外，吃飯也比較舒適。建議可以購買戶外用品店的露營桌，有各種尺寸、材質，摺疊起來方便攜帶，平常也很好收納。

食材

除葉菜類等不適合先切開的食材，幾乎都可以在家先切好、醃製後裝袋。每次登山露營，若能在家先前置處理，等抵達目的地後即可生火烹調，節省時間、減少行李，也避免食材浪費，或是多出很多垃圾。

調味料

戶外調味三寶：鹽、糖、胡椒粉，各自分裝成小包裝或是買小罐的，帶夠用的量就好。其他調味料依照食譜攜帶，煮的時候直接倒入鍋中即可，方便省時又不會瓶瓶罐罐。

保冰工具

肉類、海鮮等需要保冷的食材可以放入行動冰箱或重複使用的保麗龍中，保冰很方便。

曬碗籃

洗好的鍋碗瓢盆最好先擦乾，或是放在碗盤架或晾曬網中晾乾，避免發霉和細菌滋生。露營用的吊掛式的曬碗籃很好用，只要有吊鉤就可以垂掛，鍋具、廚具都能放進去，還有防止蚊蟲進入的效果。

清潔用具

洗碗精、菜瓜布、餐巾紙、抹布、垃圾袋，這些清潔用品都要自己帶，準備足夠當次使用的量就好，用完回程就可以減輕很多重量。

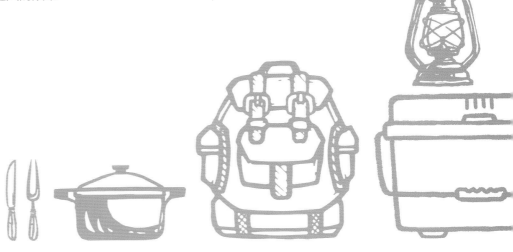

出發之前的場地確認

每個營區或山區都有自己的規定或設備，例如冰箱、用水、用電等，
必須在安排行程時一併確認，才能避免到現場後的突發狀況。

1 確認營地是否可烤肉或是炊事

有的營地是禁止生火只能用卡式爐，也有的山區是禁止明火的喔！這些都必須在出發前先向營區的營主做確認。炊煮過程中用火也務必小心，以免危害自身安全，或是引發森林大火。

2 注意烹調的海拔高度

這點對登山者來説格外重要。海拔越高，烹調的爐具與方式都要隨著改變，例如平地煮飯時米與水是 1：1，高山則是 1：1.5，爐具也要更換成高山爐、防風爐，使用高山專用的瓦斯罐，否則連要燒開水都有困難。

3 有無水源可烹調或清洗

水是烹調的重點，若沒有水，料理的前置作業就要做得更確實，把所有需要的水量都計算好。

4 是否有插座、用電規定

現在大部分營區都有設置插座，只要自己攜帶延長線就可以。但出發前最好還是先向營主確認，如果要使用電子鍋、烤箱等高耗電設備，也務必先詢問可否。

5 食材的保鮮方式

有的露營地會提供冰箱，但通常是共用的，如果是熱門地點，建議減少需冷藏的食材，或是準備行動冰箱。若是登山者，則必須更注意生鮮食材的選擇，沒有行動冰箱的話也可找個保麗龍盒，放冰塊或乾冰就好囉。

規劃菜單的
方式＆示範

出門前先規劃好菜單，也是野炊的樂趣之一。菜單除了要考慮到人數、食量外，食材的準備也很重要。尤其是登山的人，必須更精準估算食材的份量、保存。

以露營來說，如果營地不遠，抵達時最先吃到的可能是午餐，經過紮營、布置的勞動後，最好是以簡單快速、吃得飽的菜為主，首先推薦的當然就是一鍋主食，炊飯、義大利麵都很不錯，有菜有肉，快速補充能量。

至於晚餐，野炊的重頭戲當然不能馬虎。選擇豐盛的主食，在戶外的悠閒中慢慢吃慢慢享受，食量好的人，甚至可以再來道飯後甜點！

早餐的話我個人以輕便為主，用現成的麵包快速加工，加入現煮果醬或芋泥，快速好吃外，還很適合拍張網美照～天氣冷也可以來碗速成的湯品，都是最佳享受。

接下來要跟大家分享，我以本書中的食譜規劃出來的菜單。設計時除了考慮人數、成員，也分別以只帶一卡「燉鍋」和「平底鍋」來規劃。當然啦，如果是開車露營，或是人數多的情況下，多帶一兩個鍋子，烹調過程更快速喔！

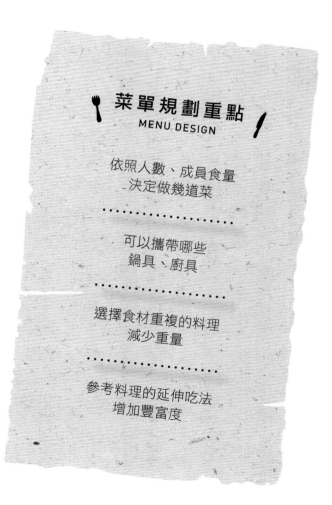

菜單規劃重點
MENU DESIGN

依照人數、成員食量
決定做幾道菜

可以攜帶哪些
鍋具、廚具

選擇食材重複的料理
減少重量

參考料理的延伸吃法
增加豐富度

小家庭 or 少人數（2～3人）

2到3人的小家庭因為人數少，一道主食料理，或是一道有菜有肉的豐盛主菜，再加上飯、麵等主食就差不多了，不要太複雜。如果只想帶一個鍋子時，可以用麵包等現成的主食增加飽足感，並準備一些不用開火的涼拌菜，讓餐桌更豐富。

燉 鍋

午 LUNCH	梨山高麗菜飯 p118
晚 DINNER	柏林水煮豬頸肉 p048 椒香麻油小黃瓜 p112 大亨堡麵包
早 BREAKFAST	現煮蘋果可頌 p176

★ 晚餐的豬頸肉除了直接吃，也可以撕成肉絲夾入大亨堡麵包中。煮豬肉的湯汁加水稀釋到喜歡的鹹度後煮滾，還能直接當湯喝（也可以自己再加些配料煮成火鍋）。

平底鍋

午 LUNCH	什錦拌粉絲 p134
晚 DINNER	小樽鮭魚鏘鏘燒 p080 酸辣蘿蔔片 p112
早 BREAKFAST	莓果法式吐司 p164

★ 小樽鮭魚鏘鏘燒先吃完一輪後，加高湯（沒有高湯就用水）和牛奶（一邊倒一邊試味道，不夠鹹再加鹽、胡椒調味），煮滾後可以加烏龍麵或是其他配料，做成鮭魚牛奶味噌鍋。

親子露營
（3～4人）

有小朋友的家庭，建議可以選一道主食，或是一道肉或海鮮的料理，搭配蔬菜和甜點，以小朋友愛吃的口味，而且營養均衡的菜色為主。大盤豐盛的肋排或是咖哩都很有露營氣氛，最能添加驚喜感。小孩如果食量好，也可以再加些甜點當下午的點心，增加歡樂的氣氛。

 燉　鍋

午 LUNCH	茄汁義大利麵 p130

晚 DINNER	新德里咖哩雞 p040 鹽昆布高麗菜 p112 白飯 p158 香蕉煎餅 p186

早 BREAKFAST	現煮芋泥貝果 p168

★ 茄汁和咖哩都是大人小孩通吃的討喜菜單。晚上的咖哩如果不想煮飯，也可以加進柴魚高湯和烏龍麵，變成湯咖哩烏龍麵，再來個香蕉煎餅收買孩子的胃！

 **平底鍋**

午 LUNCH	龜山風西班牙海鮮飯 p116

晚 DINNER	阿里山炭烤蜜汁肋排 p068 山藥磯邊燒 p098 黑胡椒煎雙色番茄 p108 烤吐司

早 BREAKFAST	彩虹乳酪吐司 p170 西班牙馬鈴薯蛋餅 p188

★ 豬肋排用平底鍋也 ok，但用烤的更有氣氛！還可以額外準備一些甜椒、青椒、玉米等烤蔬菜搭配。早餐的彩虹乳酪吐司做好前置很快就能完成，味覺和視覺效果都滿分。

多人歡聚
(4～5人)

多人露營當然菜色要豐富,而且因為人數多,準備 2 ～ 3 道菜一起吃也不怕浪費,食量好的話可以再加一道主食料理,品嚐到更多樣化的口味!早餐和午餐則建議選擇方便烹調,可以快速做出多人份量的料理為主。

 ## 燉　鍋

午 LUNCH	日式強棒拉麵 p140
晚 DINNER	米蘭番茄燉牛肉 p036 里昂香草紙封鮭魚 p076 燉煮娃娃菜 p102 麵包或白飯
早 BREAKFAST	味噌豆漿豬肉湯 p154 水波燻鮭麵包 p174

★ 如果只有一個鍋子,晚餐可以先快速完成紙封鮭魚、燉煮娃娃菜後,再一邊吃一邊讓番茄燉牛肉慢慢煮入味,享受戶外海陸大餐。早餐快速煮個水波蛋後,來碗溫暖的味噌豬肉湯,感受美好的早晨。

平底鍋

★ 中午炒一鍋辣炒年糕，就能快速填飽舟車勞頓、搭營布置的疲勞。重頭
戲的晚餐更不用說了，直接上兩道豪邁的主菜也沒問題，最後再用吐司
做成的蛋糕增加飽足感！食量大的人，還可以再加一道暖呼呼的湯品。

見證寶島之美！
台灣各產地特色食材

身處物產豐饒、四面環海的寶島台灣，各縣市都有不能錯過的特產。漁港的新鮮海產、山林的現採山菜，還有各地區的當季蔬果。在外面的時候，我很喜歡順道購買在地食材入菜，或是參加當地現採、海釣等行程，玩樂之餘，還能用產地的美味讓料理再升級，是野炊最迷人的樂趣之一。

 北 台北、基隆、桃園、新竹、宜蘭

北台灣除了遠近馳名的宜蘭三星蔥、拉拉山水蜜桃外，喜歡海鮮的人也不要錯過漁港，基隆碧砂漁港、宜蘭大溪漁港等，都是饕客熱愛的海產寶地，可以用漂亮的價格買到最「青」又肥美的馬頭魚、三點蟹。如果離營區不遠的話，很推薦到當地購買新鮮海產，晚上直接加菜！

海產：白帶魚、劍蝦、竹莢魚、馬頭魚、三點蟹、鯖魚
蔬果：韭菜、三星蔥、綠竹筍、山藥、水蜜桃

 中 苗栗、台中、彰化、南投、雲林

中台灣有很多著名的特產，例如本書中的水梨雞湯、新社菇菇炊飯等，就是我在露營時用當地盛產的水梨、香菇現場開發出的新菜色，活用食材本身的甜味，不用太多調味就很好吃。如果剛好遇到荔枝季，用新鮮的荔枝和煎牛肉拌在一起做成酸辣牛肉也很值得一試（詳細做法請參考P.52）。

海產：四破魚、鰻魚、紅蟳、文蛤、比目魚
蔬果：桂竹筍、胡蘿蔔、甜椒、水梨、荔枝、龍眼、馬鈴薯

南 嘉義、台南、
高雄、屏東、澎湖

風和日麗的南台灣有很多優質的農特產，像是白河蓮子、麻豆文旦、官田菱角等都非常著名，也很適合入菜。另外像是土魠魚、虱目魚、火燒蝦等海鮮，也是到南部野炊一定要試試看的「產地滋味」，現烤、煮湯或是做成炊飯都好吃，尤其本書裡也有的火燒蝦仁飯，米粒吸飽了大海精華，非常美味。

海產：土魠魚、午仔魚、金線魚、龍虎斑、虱目魚、烏魚、火燒蝦
蔬果：毛豆、洋蔥、白蘿蔔、水蓮、蓮子、菱角、花生、木瓜、文旦

 東 花蓮、台東

花東的好山好水，孕育出很多品質優良的食材。太麻里金針花，復興鄉箭筍、壽豐山藥，每到產季都吸引很多人前往採購。花東海域也有很多獨特的海產，跟著《上山下海過一夜》在花蓮石梯漁港買到的新鮮鬼頭刀，一大尾才不到一千元，肉質Q彈又紮實，超級佛心價。

海產：鬼頭刀、紅甘、旗魚、鮪魚、軟絲、櫻花蝦
蔬果：箭筍、山藥、稻米、金針花、辣椒、茼蒿、西瓜、文旦

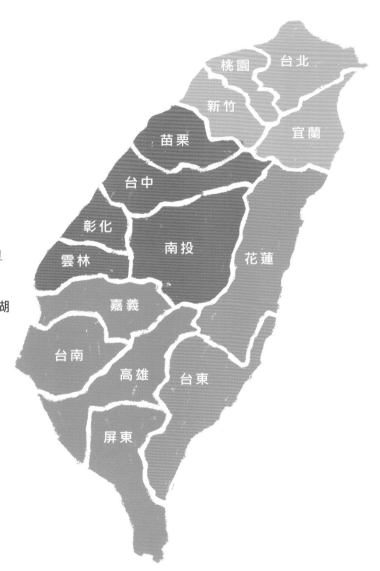

台北
桃園
新竹
宜蘭
苗栗
台中
彰化
南投
花蓮
雲林
嘉義
澎湖
台南
高雄
台東
屏東

CHAPTER 2

一鍋到底，簡單不馬虎
主 菜

說到豪邁率性的戶外料理，當然不能少了大魚大肉的氣派撐場。
需要長時間燉煮入味的肉類、海鮮，只要利用預前調理，前一天先充分醃製，
就能把味道鎖進肉裡，大幅縮短烹調時間！醃製過的食材也能延長保鮮期限。
當然，如果營地或山區可以用火，也不要錯過大火直烤的戰斧、肋排，
切開後滿滿的肉汁，大口滿足！

可用鍋具

〔 燉鍋 〕

烹調時間

90
min

食譜份量

米蘭
番茄燉牛肉

最新研究發現,想要讓肌肉復原,喝番茄汁比喝能量飲料有效,攝取番茄汁有助於緩解劇烈運動後的細胞氧化損傷。這道將番茄、蔬菜與肉一同燉煮的料理,吃得到豐富的蛋白質與纖維質,還可以舒緩爬山運動後肌肉的僵硬、痠痛。

材料準備

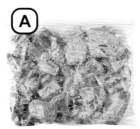

醃肉

牛肋條 600g（切大塊）
麵粉 30g（低、中、高筋皆可）
醃料：鹽 3g、黑胡椒粒 3g、
　　　義大利綜合香料 3g

➡️ 牛肉切成約 5 公分大小，所
有材料搓揉均勻裝袋。

蔬菜

洋蔥 1 顆（去皮切塊）
胡蘿蔔 1/2 根（去皮切塊）
西芹 2 根（切塊）

➡️ 全部切塊狀後裝袋。

其他材料

蒜末 30g
牛番茄 300g（切四等分，或烹煮時直接用手剝開）
蘑菇 100g（用紙巾擦拭乾淨）
新鮮月桂葉 2 片
新鮮奧勒岡 2g
番茄汁 2 罐（約 600cc）
橄欖油 30g
水 適量（淹過材料即可）

調味

鹽 5g
糖 5g

裝飾（可省略）

新鮮迷迭香 1 支

--- 備料 TIPS ---

• 新鮮番茄也可以先冷凍前置
  包裝起來，更方便攜帶。
• 沒有新鮮香料，也可以用乾
  燥香料取代。

| 1 | 2 | 3-1 | 3-2 |

做 法

1 鍋中放入橄欖油燒熱後,將Ⓐ的牛肉以中大火煎至表面上色(約五至七分熟的程度)。

> **TIP** 每塊牛肉的油脂狀況不同,橄欖油可分次加入,一邊煎一邊觀察,調整油量。

2 同鍋放入Ⓑ和蒜末、牛番茄、蘑菇、月桂葉、奧勒岡,將所有材料炒香。

3 加入番茄汁、淹過食材的水,小火燉煮約 90 分鐘至濃稠,再按照個人喜好加入**調味**即可。最後以迷迭香裝飾。

延伸吃法

米蘭番茄燉牛肉若沒吃完,隔日加水煮軟一些,並放入冷凍飯或乾燥米,一邊炒一邊煮到收汁,就是美味的茄汁燉飯!加入的水量須依據米飯的生熟情況做調節,原則上,生米:水=1:6;熟飯:水=1:3。

MEAT

可用鍋具

【燉鍋】

【深平底鍋】

烹調時間

20
min

食譜份量

新德里咖哩雞

印度咖哩的特色之一，就是結合了多種香料，帶有刺激性的特殊香氣及濃郁滑順的口感，讓人印象深刻。而且咖哩方便煮，和大部分的蔬菜都很搭，隨意加入在地的當季蔬菜，就能做出很有特色的料理。

材料準備

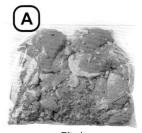
醃肉

雞腿肉 400g（切塊）
醃料：咖哩粉 10g、蒜末 20g、
　　　薑末 10g
➡ 全部材料搓揉均勻後裝袋。

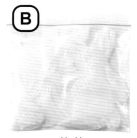
蔬菜

洋蔥 100g
➡ 洋蔥去皮切細絲後裝袋。

調味

鹽 2g、牛奶 350g、
糖 10g、水 100g
➡ 全部材料裝袋。

其他材料
無鹽奶油 50g
番茄糊 200g
咖哩粉 15g
卡宴紅椒粉 8g
小茴香粉 2g
花生醬 10g
優格 200g

裝飾（可省略）
水芹葉 5g

─ ≋ 備料 TIPS ≋ ─

可以嘗試多加一些自己喜歡的辛
香料，如肉桂、香菜籽、孜然等
等，增添不同的香氣與風味。

| 1 | 2-1 | 2-2 | 3 |

做 法

1 鍋中放奶油加熱融化，再放入Ⓐ的雞腿肉煎炒至兩面上色後，取出備用。

2 同鍋放入Ⓑ炒軟，再放入番茄糊與咖哩粉、卡宴紅椒粉、小茴香粉，一起炒香。

3 加入煎過的雞腿肉和Ⓒ，煮 15 分鐘後，加入花生醬與優格再稍稍煮滾即可。最後以水芹葉裝飾。

延伸吃法

吃完一輪咖哩雞後，可以加入柴魚高湯，加到咖哩變成液態的湯狀後煮滾，做成類似北海道名產的湯咖哩，再加烏龍麵或當成湯喝，暖心又暖胃！

CHAPTER 2

MEAT

可用鍋具

【平底鍋】

【烤肉爐】

烹調時間

15 min

食譜份量

首爾烤牛肉

牛排是我去露營最愛的食材,直接放在烤肉架上炭烤,或是用平底鍋煎都好吃!吃膩原味的人,一定要試試看這道韓式風味的牛排,煎烤到喜歡的熟度後,拿剪刀一邊剪開一邊大口享用,超級過癮!牛肉在家裡先醃好,不但入味,保存期也比較長,帶出門更放心。

材料準備

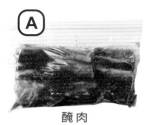

Ⓐ 醃肉

牛小排 1kg（帶骨整塊）
醃料 A：醬油 140g、糖漿 30g、糖 30g、
　　　　米酒 30g、水 200g
醃料 B：洋蔥 100g、梨子 100g、蘋果 80g、
　　　　蒜 20g、薑 10g

➡ ① 將整塊牛小排從骨頭下刀，以螺旋狀切開成一
　　　長片狀後，捲起來備用。

　② 醃料 A 煮滾後放涼，加入醃料 B 用果汁機打
　　泥，和切好的牛小排一起裝袋醃一晚。

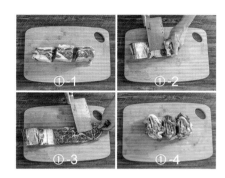

①-1　　①-2
①-3　　①-4

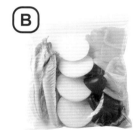

Ⓑ 蔬菜

蘿蔓 1 顆（對切）
紅甜椒 1 顆（切塊）
黃甜椒 1 顆（切塊）
洋蔥 1 顆（切厚圈）

➡ 將蔬菜切好後裝袋。

其他材料
韓式泡菜 100g
油 適量

調味
鹽 適量
胡椒 適量

裝飾（可省略）
白芝麻 10g

做法

1 鍋中下少許油預熱後，將Ⓐ的牛小排入鍋，一面煎上色後翻面，煎烤至表面熟化、微焦上色後捲起。
　TIP 如果是炭烤就不用加油，所有食材直接放到烤架上，炭火直烤的滋味讓人無法抗拒！

2 同鍋放入Ⓑ的所有蔬菜，撒上**調味**，一同煎烤約 7 分鐘（牛肉約六分熟的程度）。

3 盛盤時搭配韓式泡菜，並在牛小排上撒白芝麻即可。

046 / 047

1-1

1-2

┃延伸吃法┃

· 醃料 A 做好可放冷凍常備，當作牛丼飯醬汁、壽喜燒醬汁或是一般紅燒汁用都很不錯，混合後的醃料也能當火鍋沾醬使用。

· 烤完吃不下的牛排，放涼後切塊、隔天再加少許蒜頭、蔥、薑等辛香料炒一炒，不用另外調味，就是一道美味的下飯菜。

CHAPTER 2

MEAT

可用鍋具

【深平底鍋】

【燉鍋】

烹調時間

60
min

食譜份量

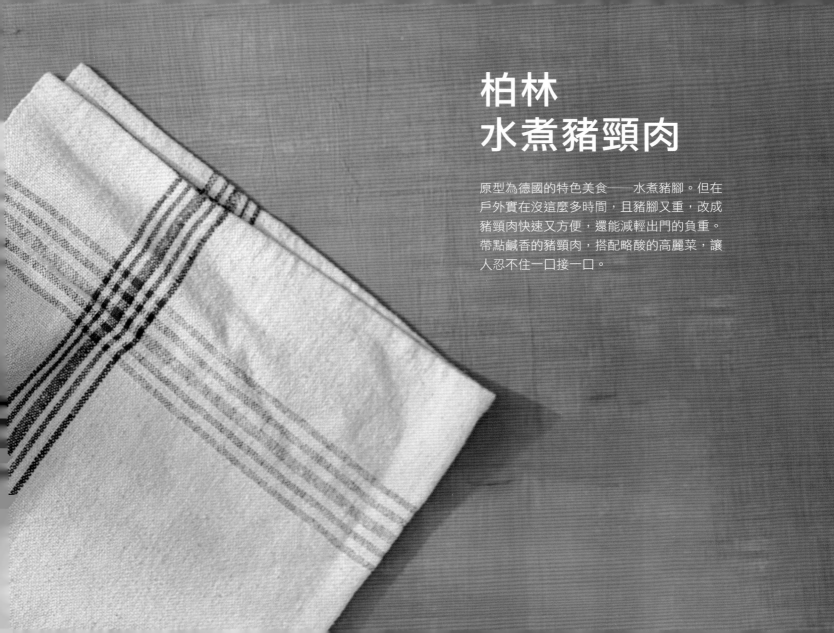

柏林
水煮豬頸肉

原型為德國的特色美食——水煮豬腳。但在戶外實在沒這麼多時間，且豬腳又重，改成豬頸肉快速又方便，還能減輕出門的負重。帶點鹹香的豬頸肉，搭配略酸的高麗菜，讓人忍不住一口接一口。

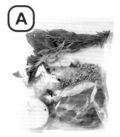

A

醃肉

豬頸肉 600g
醃料：鹽 8g、百里香 1 支、
迷迭香 1 支、白胡椒粒 5g、
丁香 1g、月桂葉 4 片、
蒜仁 10g、薑 5g、洋蔥 半顆、
鼠尾草 1 支

➡ 全部材料裝袋，醃製一晚。

B

蔬菜

高麗菜 150g（撕大片）
洋蔥 40g（去皮切細絲）
蘋果 40g（帶皮切細絲）
月桂葉 1 片
橄欖油 10g
白酒醋 30g

➡ 蔬菜切好後，全部材料裝袋。

調味

鹽 2g
白胡椒粉 0.3g
糖 10g

裝飾（可省略）

鼠尾草 1 支

做 法

1 取 600cc 水倒入鍋中，放入Ⓐ（豬頸肉連同醃料），以小火煮 1 小時至酥軟後取出。

2 鍋中留下約 60cc 煮豬肉的湯，放入Ⓑ煮軟，再加入**調味**即可。

3 將豬頸肉撕成大塊，與蔬菜一起裝盤，最後以鼠尾草裝飾。

1-1　　　　　　1-2　　　　　　2　　　　　　3

🍴延伸吃法🍴

・沒吃完的豬頸肉，隔天早上可剝成肉
　絲，搭配黃芥末醬等醬料，夾入大亨堡
　或喜歡的麵包中當早餐。

・煮完豬頸肉的鹹湯汁，可當天然的湯頭
　使用，不需再調味，用來煮火鍋或煮湯
　都很鮮美。

MEAT

【 平底鍋 】

【 烤肉爐 】

烹調時間

15 min

食譜份量

曼谷
酸辣牛肉

在家裡先把肉醃好、醬料調好，在外面只要簡單煎過再拌一拌，這道澎湃的料理就完成了。尤其天氣炎熱、沒有胃口時，辣辣的泰式口味吃起來格外過癮。

材料準備

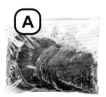

醃肉

沙朗牛排 400g
醃料： 橄欖油 30g、鹽 3g、
　　　黑胡椒 2g、
　　　義大利綜合香料 2g

→ 牛排加醃料後裝袋。

泰式醬

甜雞醬 70g、檸檬汁 40g、
蜂蜜 40g、魚露 30g、
紅辣椒末 25g、香菜末 15g

→ 全部材料裝袋。

其他材料

紫洋蔥 半顆（切絲）
西芹 2 根（切絲）
小番茄 5 顆（切圓片）
綜合水果罐頭 1 罐

裝飾（可省略）

黃檸檬片 3 片
香菜 5g

備料 TIPS

- 洋蔥和西芹先切好或到戶外再切都很方便，依照需求決定即可。

- 若剛好遇到荔枝產季，水果罐頭可改用新鮮荔枝，會有更不一樣的風味。

做法

1 鍋子預熱後，將Ⓐ的牛排兩面
以中大火各煎 2 分鐘，再轉
小火各煎 2 分鐘，取出靜置
10 分鐘後斜切片備用。

> **TIP** 如果用烤架炭火直烤，就把
> 兩面各烤 3 分鐘到微焦上色
> 後，靜置 10 分鐘再切片。

2 紫洋蔥與西芹切絲後，泡水 2
分鐘，再取出瀝乾。水果罐頭
也瀝乾備用。

3 將蔬菜（紫洋蔥、西芹、小番
茄、水果罐頭）鋪底、放上牛
肉、淋上Ⓑ的泰式醬，最後擺
上檸檬片與香菜即可。

延伸吃法

帶一包細冬粉煮熟後泡冷水，
取出瀝乾，和曼谷酸辣牛肉拌
在一起，就是速成的泰式涼拌
冬粉！

CHAPTER 2

MEAT

可用鍋具

［ 平底鍋 ］

［ 烤肉爐 ］

烹調時間

10 min

食譜份量

新疆孜然 松阪豬

與三五好友一起露營，怎能錯過夜晚小酌一杯的時刻。
這道戶外深夜食堂的下酒好菜，作法簡單又清爽，
好吃到不知不覺就吃到盤底朝天。

材料準備

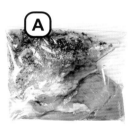

A

醃肉

松阪豬 600g
醃料：蠔油 15g、
　　　香油 30g、
　　　洋蔥末 20g、
　　　蒜末 5g、
　　　二荊條辣椒粉 2g

➡ 全部材料搓揉均勻
　　裝袋，醃製一晚。

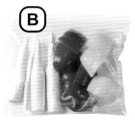

B

蔬菜

紅甜椒 1 顆（切大片）
黃甜椒 1 顆（切大片）
筊白筍 2 支（縱向切半）

➡ 蔬菜切好後裝袋。

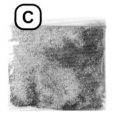

C

特調孜然粉

辣椒粉 20g、孜然粉 10g、
蒜香粉 10g、洋蔥粉 3g、
白芝麻 10g、花椒粉 2g、
昆布粉 20g、鹽 5g、糖 15g

➡ 全部材料裝袋。

≡ 備料 TIPS ≡

特調孜然粉搭配豬肉、牛肉
或羊肉都適合，能帶出肉品
本身的風味。

做 法

1 鍋子預熱後放入Ⓐ的松
阪豬煎烤至熟，再撒
上適量Ⓒ。

2 Ⓑ的所有蔬菜抹上少許
油（材料份量外）之
後，直接燒烤至熟，
再撒上適量Ⓒ。

3 將烤好的肉跟菜盛盤
即可享用。

Vol. 02, 01 December 2018 ■ www.maurisnews.com

News International 08

Heading atoras tem Pus vel ipsum nam tell us interdu mosti Venenatis diam Uam elei fend risus potenti cums cisonue magnis disar tur lent montes. Nascetur ridiculusmus laoreet lacinia mi ac aliquam. Lorem ipsum dolor sit amet consectetur adipiscing elit mauris.

Torasi Empis Esepis Selus Dime Gasti

Enatibuset magnis parturient montes nascetur ridiculus mus. Donec laoreet ac ac aliquam lorem ipsum dolor sit amet consectetur elit. Nascetur lacinia mi a metus. Mauris ante tortor adipiscing at porta Curis ante tortor adipiscing at porta accommodo vel quam. Nam elementum tellus intendunt consectetur venenatis quam eleifend dolor potenti. Sum sociis natoque penatibuset magnis dis parturient montes nascetur ridiculus mus Donec laoreet lacinia mi ac aliquam. Lorem quam ante adi consectetur adipiscing elit mauris ac dui nibh a porta ipsum.

TORASI EMPIS NESEPIS SELUS

可用鍋具

〔 燉鍋 〕

〔 平底鍋 〕

烹調時間

10
min

食譜份量

重慶
乾鍋雞翅

重慶乾鍋雞是川菜的經典代表之一，香、
辣、麻，一吃就上癮。我將這道菜改成用雞
翅製作的野炊版本，雞翅是運動量較充沛的
部位，久煮也不會柴，很適合火候不太好控
制的戶外環境，不太會烹調的新手也能輕鬆
完成。

醃肉

二節雞翅 600g
醃料：鹽 1g、醬油 15g、糖 5g、
　　　香油 10g、米酒 30g

➡️ 全部材料搓揉均勻後裝袋。

蔬菜

蒜苗 2 根（白色切段，綠色切斜長片）
紫洋蔥 半顆（切丁，約 2 公分）
蒜仁 30g

➡️ 蔬菜切好後，全部裝袋。

其他材料
青龍椒 40g（切斜長片）
大辣椒 30g（切斜長片）
乾辣椒 5g
花椒粉 3g
老乾媽辣椒 50g
油 20g

調味
鹽 1g
胡椒 2g
孜然粉 3g
米酒 30g

裝飾（可省略）
白芝麻 10g
香菜段 5g

≋ 備料 TIPS ≋

- 老乾媽辣椒不辣，香氣充足，如果沒有，可用小魚辣椒取代。
- 愛吃重口味的，調味中可額外添加些許蠔油。

1　2-1　2-2　3

1 鍋中下少許油,將Ⓐ的雞翅煎約 5 分鐘至表面均勻上色。

2 同鍋放入紫洋蔥、蒜仁、蒜苗(白色部分)炒香後,再加乾辣椒、花椒粉
與老乾媽辣椒炒香。

3 接著放入**調味**後,加入青龍椒、大辣椒、蒜苗(綠色部分)炒香,最後撒
上芝麻與香菜段即可。

延伸吃法

如果沒吃完,加一罐啤酒煮
至酒精揮發,就可以加入其
他蔬菜、麵類煮,當麻辣燙
的湯頭使用。

CHAPTER 2

MEAT

揚州獅子頭

獅子頭是傳統大菜,原始的作法較繁複,需要將肉丸子放入油鍋中油炸。但是在戶外講求方便,用免炸方式製作的成功率高又不帶油。如果家裡有小孩,還可以跟小朋友一起捏肉丸,有些煮成獅子頭,有些夾到麵包裡當漢堡吃,增加野炊的樂趣。煮一鍋,也適合多人聚餐時分食。

可用鍋具

〔 平底鍋 〕

烹調時間

20
min

食譜份量

A

醃肉

蝦仁 200g
豬絞肉 400g
醃料：鹽 5g、素蠔油 15g、醬油 10g、
　　　糖 10g、胡椒粉 2g

➡ ①將蝦仁用菜刀拍扁後剁泥備用。
　②豬絞肉加入醃料裡的鹽，攪拌至
　　有筋性後，再加入蝦泥與其他醃
　　料，拌勻後裝袋冷凍。

①-1

②-2

其他材料
吐司 50g（切小丁）
牛奶 100cc
娃娃菜 5 棵
香菜末 5g
蒜末 15g
薑末 5g
太白粉 少許
油 適量

裝飾（可省略）
香菜 5g
辣椒 3 片（切斜長片）

B

調味

醬油 50g、味醂 50g、水 300g

➡ 全部材料裝袋。

≣ 備料 TIPS ≣

吐司丁可以增加獅子頭的水
分，讓口感更軟，其他像是白
飯、豆腐等也都有相同效果。
若手邊沒有吐司時，可以改用
白飯喔！

做　法

1 將Ⓐ、吐司丁與牛奶拌勻。

2 把肉餡捏成丸子形狀（約 7-8 顆），放入加少許油的平底鍋中，
煎約 5 分鐘至兩面上色。

3 同鍋加入娃娃菜、香菜末、蒜末、薑末與Ⓑ，煮 15 分鐘。

4 撒少許太白粉微微勾芡，最後點上香菜、辣椒片即可。

延伸吃法

- 如果有剩下的肉丸，可以夾入麵包中，放上番茄片、黃芥末、番茄醬，做成義式肉丸漢堡。
- 剩下的湯汁加熱後，放入熟烏龍麵拌炒，煮滾後撒上柴魚粉與海苔，也很有日式炒麵的風格。

MEAT

【 烤肉爐 】

【 平底鍋 】

烹調時間

30
min

食譜份量

064 / 065

埔里
直火烤戰斧

這是我在埔里的豪華露營區用直火做出的
男子漢料理,最適合帥氣歐巴們露一手!
一整支戰斧經過大火燒烤,可以感受到牛
肉的油脂香氣,切開焦香的外層,內層仍
是柔嫩,因為只用鹽與胡椒提味,更能品
嚐到肉的自然香甜,強力推薦!

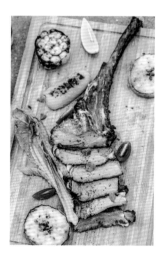

材料準備

戰斧牛排 1 支
蘋果 1 顆
蘿蔓 1 顆
黃甜椒 1 顆
整球蒜頭 1 顆

調味

無鹽奶油 100g
鹽 適量
胡椒 適量
橄欖油 適量
巴薩米克醋 適量

做 法

1 戰斧牛排撒鹽與胡椒後略微靜置10-15分鐘。

2 戰斧牛排兩面抹上少許橄欖油後，每面輪流烤 1 分鐘，重複 4 次後，再用鋁箔紙包起來回烤 10 分鐘，再靜置 10 分鐘即可。

TIP 回烤用小火即可。時間到時還沒達到熟度不要緊，可持續小火多烤幾次、然後再靜置，就能達到完美熟度。

3 蔬菜（蘋果、蘿蔓、黃甜椒、蒜頭）刷上奶油後，以直火烤至略微上色即可，搭配巴薩米克醋食用。

可用鍋具

【 烤肉爐 】

烹調時間

30
min

食譜份量

阿里山
炭烤蜜汁肋排

這道菜的概念是用阿里山鄒族的圓盤烤肉結合德州烤肋排。感覺很難處理的大塊肉,其實只要先將肉煮好,到露營現場很快就能烤熟。醃過的肉比較不容易壞、方便攜帶,而且經過冷凍肉質也會更加軟嫩入味,是上山或露營時的野炊好夥伴。

材料準備

A

豬肋排 8 隻(整塊)
醃料:蔥 2 支、薑片 10g、洋蔥 半顆、
　　　鹽 20g、黑胡椒粉 10g、
　　　水 1000cc

➡ 豬肋排與醃料浸泡一晚後,開火煮 1 小時,取出放涼後裝袋。

醃肉

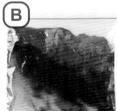

B

醬油膏 40g、蜂蜜 80g、紅椒粉 5g、
檸檬汁 10g、黃芥末 10g、
番茄醬 20g、黑胡椒粉 5g

➡ 全部材料調勻後裝袋。

蜜汁醬

其他材料
小番茄 6 顆
蘿蔓 1 顆
生菜(芝麻葉等)適量

調味
鹽 適量

裝飾(可省略)
黃檸檬皮絲 10g

--- ≋ 備料 TIPS ≋ ---

蜂蜜建議選用台灣在地的阿里山野蜂蜜,紅椒粉選擇西班牙煙燻紅椒粉,香氣更足夠。

1 在Ⓐ的豬肋排上均勻塗抹Ⓑ。

2 用鋁箔紙包起,烤 20 分鐘。

3 打開拿掉鋁箔紙,在豬肋排上再刷一次醬,用大火烤至上色。小番茄與蘿蔓撒少許鹽,烤至表面上色,即可搭配肋排和生菜、黃檸檬皮絲一起享用。

延伸吃法

沒吃完的肋排分切小塊後放
入鍋中,加入用韓式辣醬 **2**:
醬油 **1**:糖 **0.5**:水適量的比
例調製出的醬料(依照口味
調整用量)和馬鈴薯,一起
燉到馬鈴薯鬆軟,做成韓式
馬鈴薯排骨鍋。

【 可用鍋具 】

〔 烤肉爐 〕

〔 平底鍋 〕

【 烹調時間 】

30 min
邊烤邊吃

【 食譜份量 】

巴西
森巴串烤

這是一道戶外專屬的男子漢料理！一群人露營時圍著大火燒烤，一邊烤一邊切一邊吃，非常有氣氛。牛肉的生熟度可以自己掌握，濃郁的肉汁搭配酸甜的鳳梨、甜椒等蔬果，絕對是當天晚上的重頭戲。

材料準備

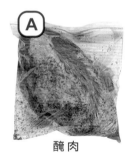

醃肉

紐約客牛排 1200g（整塊）
醃料：橄欖油 100g、綜合香料 5g、
　　　鹽 3g、黑胡椒 1g、迷迭香 1 支、
　　　紅椒粉 2g、蒜末 10g

→ 全部材料裝袋。

其他材料
鳳梨 半顆
綠櫛瓜 1 條
紅甜椒 2 顆
洋蔥 1 顆
黃綠檸檬片 4 片

調味
鹽 適量
胡椒 適量
孜然粉 適量
紅椒粉 適量

▌ 備料 TIPS ▌

• 紅椒粉建議選擇西班牙煙燻紅椒粉，帶有煙燻味的香氣更濃郁。

• 也可以加其他喜歡的蔬菜一起烤，但不建議葉菜類或出水量較高的蔬菜。

做　法

1 將Ⓐ的牛排整塊串起，蔬菜（鳳梨、綠櫛瓜、紅甜椒、洋蔥）塗抹醃肉的橄欖油後也一併串起。

　　TIP 沒有大的烤肉叉，也可以把肉塊分切後，改用一般烤肉叉或竹籤。

2 在烤肉架上將肉塊四面各烤 2 分鐘後，放在小火區烤 10 分鐘，最後靜置 10 分鐘再切片。切下外層已經烤熟的地方後，再把烤肉串放回烤架上烤，邊烤邊切邊吃。也可以依個人喜好撒上**調味**，或擠檸檬汁增添風味。

　　TIP 沒烤架也無妨，可以用平底鍋煎烤。一樣用大火將每面各煎 2 分鐘後，將外層切片食用，然後繼續將每面煎 1 分鐘後切片食用，反覆到吃完為止。

🍴 延伸吃法 🍴

準備一個熱狗麵包，加少許美乃滋與優格，夾入切下來的肉片，立馬變身中東風味的牛肉沙威瑪。

可用鍋具

【 平底鍋 】

【 燉鍋 】

烹調時間

25
min

食譜份量

里昂
香草紙封鮭魚

紙封是最能吃出食材原味的做法,在野外相當適合。
不用太多調味,把所有材料丟一丟,再用烘焙紙包起來,以燜烤的方式製成。
即使是小孩也能輕鬆完成,是道做法簡易又吸睛的料理。

材料準備

A

醃魚

鮭魚菲力 400g
醃料:鹽 3g、蒜末 10g、
薑末 5g、白胡椒 0.5g

→ 鮭魚切片後,全部材料搓揉均勻
後裝袋。

其他材料
小番茄 5 顆
蘆筍 4 根
黃檸檬 1 顆(切片)
酸豆 1 匙
美白菇 100g
新鮮香草 約 2-3 枝

調味
橄欖油 20g
鹽 2g
黑胡椒粒 適量

裝飾(可省略)
新鮮香草 適量

≡ 備料 TIPS ≡
新鮮香草選用迷迭
香、百里香、鼠尾
草都適合,如果沒
有,使用乾燥的也
可以。

1 將小番茄、蘆筍鋪在烘焙紙上，淋上橄欖油，撒少許鹽、黑胡椒粒。

2 放上Ⓐ的鮭魚，鋪上檸檬片、酸豆、美白菇與新鮮香草，再撒少許鹽、黑胡椒粒。

3 用烘焙紙把所有材料包起來，左右往中間折後，上下往內捲起密封。

4 鍋中放蒸架或小樹枝（不讓紙包鮭魚直接碰觸到鍋底即可）。

TIP 請挑選鑄鐵、砂鍋、陶瓷等可高溫乾燒的材質。若不確定可否乾燒，可改在鍋底倒入少許水，以燜蒸的方式完成。

5 將包好的鮭魚放入鍋中，用中火燜烤約 20 分鐘即可。最後以新鮮香草裝飾即完成。

延伸吃法

多準備一些番茄，在燜烤完成前放入鍋中溫熱。盛盤時，再將鮭魚等食材放在番茄上，就是一道番茄溫沙拉。

CHAPTER 2
SEAFOOD

【深平底鍋】

【燉鍋】

烹調時間

20 min

食譜份量

小樽鮭魚鏘鏘燒

源自北海道的鄉土料理——鏘鏘燒（ちゃんちゃん焼き），隨便
丟丟都不會失敗的歡樂派對菜色！將鮭魚整塊下鍋烹煮，不僅方
便，看起來也大器。加入各種季節蔬菜一同燜煮，讓整體吸入滿
滿奶油香與味噌醬汁，是很適合冷天的溫暖料理。

材料準備

A

醃魚

鮭魚菲力 600g
醃料：鹽 3g、白胡椒 1g

➡ 鮭魚菲力切成符合
鍋具長度的大塊
後，全部材料搓揉
均勻裝袋。

B

蔬菜

鴻喜菇 200g（剝開）
高麗菜 半顆（撕大片）
紅蘿蔔 半條（切圓片）
玉米 1 根（切圓片）
洋蔥 1 顆（切大片）

➡ 蔬菜切好後裝袋。

C

醬汁

味噌 110g、米酒 50g、
味醂 30g、水 30g

➡ 全部材料裝袋。

其他材料
無鹽奶油 60g

1　　　　　　　2　　　　　　　3　　　　　　　4

做　法

1 鍋中預熱、放入一半奶油，再放入Ⓐ的鮭魚煎至表面上色。

2 同鍋放入Ⓑ的所有蔬菜。

3 再加入Ⓒ（可隨個人喜好增減用量），蓋上鍋蓋後，用小火燜煮 8 分鐘至鮭魚熟透，
即可放入剩下的奶油。

4 最後調大火力燒到醬汁略微收乾、鍋底的蔬菜微微焦香即可。
TIP 倒入醬汁後一定要用小火，微微焦香不是燒焦喔！

延伸吃法

吃不完的鮭魚和配料，可以加
入適量高湯跟牛奶煮滾（依照
剩下的量調整，一邊倒一邊試
味道），做成北海道鮭魚牛奶
味噌鍋。

CHAPTER 2

SEAFOOD

日月潭水煮魚

這道菜是我在日月潭露營時做的。來到日月潭,沒吃到鮮美彈牙湖魚就太可惜了,在魚池市場裡有很多潭內漁獲販售,日月潭旁的露營地設備也相當齊全,可以大顯身手一下。水煮魚融合了四川料理麻、辣的精華,而且魚肉很快熟,在戶外製作非常方便,不論是在冷冷的冬天還是炎炎夏日,都很適合端出這道菜。

可用鍋具

【平底鍋】

烹調時間

15
min

食譜份量

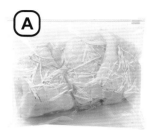

A

醃魚

仿魚 600g（或日月潭總統魚）
醃料： 蛋白 1 顆、鹽 1g、
白胡椒 2g、薑絲 10g、
太白粉 4g

→ 仿魚切片，全部材料裝袋。

B

調味

豆瓣醬 30g、蠔油 20g、糖 10g、
薑片 10g、蒜末 10g、五香粉 2g、
胡椒粉 2g、米酒 30g

→ 全部材料裝袋。

其他材料
娃娃菜 200g（對切）
豆芽 100g
花椒 5g
乾辣椒段 20g
油 適量

裝飾（可省略）
香菜 5g
辣椒絲 5g

≣ 備料 TIPS ≣

- 魚可以換成其他魚片，或是換成牛肉片，做成水煮牛。
- 青花椒是麻味，大紅袍花椒則可提香，混合兩者可讓料理的麻辣香更有層次。若喜歡花椒味可增加到 10g，但花椒特有的苦味也會比較明顯。

1 娃娃菜與豆芽下鍋，加少許水，燜炒至熟後取出，盛盤備用。

2 鍋燒熱後倒入適量的油，先放入花椒炒出香味，再放入乾辣椒炒香後，加入Ⓑ與適量水（水要蓋過魚片量）。

3 湯料沸騰後，將Ⓐ的魚片一片一片夾入鍋中，並用筷子輕輕撥開，避免沾黏在一起。

4 煮約 2 分鐘即可出鍋，倒入裝好菜的容器，最後擺上香菜、辣椒絲裝飾。

🍴 延伸吃法 🍴

剩下的湯料可以加入高湯煮滾（依口味增減），用來涮火鍋肉片或煮蔬菜，做成麻辣燙。

可用鍋具

【 平底鍋 】

【 燉鍋 】

烹調時間

10
min

食譜份量

苗栗海鮮鐵盆燒

這道菜是《上山下海過一夜》到苗栗外埔漁港旁的合歡石滬時拍攝。
當天巧遇海女奶奶、一同挖了海瓜子，再加上石滬所捕到的螃蟹，與
漁港的新鮮魚貨，將這些在地食材加上米酒一同燜燒，呈現出原汁原
味的美味，連鹽也不需要。我在這道菜裡，看到了先民的智慧與後人
努力保存的結晶。

材料準備

海瓜子 200g（或蛤蜊）
中卷 2 隻（肚子劃 3-4 刀）
花蟹 1 隻
白蝦 8 隻（或小蝦 16 隻）
蔥 3 支（切段）
薑片 10g
辣椒 1 支（切片）

調味

米酒 200g

裝飾（可省略）

蔥 1 支（切段）
辣椒 1 支（切片）

做 法

1 將海鮮洗淨，海瓜子吐沙，中卷
劃刀，花蟹去腮及內臟等（參考
第 90 頁）。

> **TIP** 準備約 45 度左右溫水，放入海瓜
> 子浸泡 15 分鐘後就能快速吐沙。

2 鍋中放入海鮮、蔥、薑、辣椒，
再倒入米酒，蓋上蓋子或鋁箔紙
煮到收汁即可。

3 食用前再擺上裝飾用的蔥段、辣
椒片。

延伸吃法

將海鮮沾台式五味醬，做成涼拌也很鮮美。五味醬的調配比例為，番茄醬 3：糖 1：醬油膏 1：烏醋 1：香油 1：香菜 1：檸檬汁 0.5。

螃蟹的處理方式

1 拔掉蟹肚上的臍蓋。

2 從蟹肚接縫處剝開外殼。

3 剪掉兩側長條狀的蟹腮、清除乾淨。

4 將靠近蟹眼部位的口鼻及心臟、消化器官剪掉。

5 把蟹殼不平整、容易刺傷的邊緣修一修。

6 螃蟹處理完成。

CHAPTER 3

野炊不能少的自然美味
蔬　菜

我去登山或露營的時候，最喜歡購買當地產季的新鮮蔬菜。
山裡的小芋頭、山藥、高麗菜，都是走過路過必買不可，
吃過一次就知道，滋味和平常完全不同。盛產蔬菜本身的條件很好，
只要簡單烹調，甚至不用什麼調味，就能品嚐到滿滿的鮮甜。

【 可用鍋具 】

【 平底鍋 】

【 小燉鍋 】

【 烹調時間 】

20 min

【 食譜份量 】

奶油燉馬鈴薯

馬鈴薯方便攜帶,而且屬於優質澱粉,吸收好、也易保存,是適合野炊的快速配菜。做法很簡單,只要把食材統統放入鍋子裡燉煮就好,煮過頭也別擔心,變成奶油馬鈴薯泥一樣美味!

材料準備

馬鈴薯 400g
培根 50g

調味
奶油 30g
鹽 4g
水 100g

裝飾(可省略)
新鮮巴西里碎 3g

做 法

1 馬鈴薯洗淨削皮後切塊(如果是小顆的馬鈴薯,切半即可),培根切片。

2 鍋中放入馬鈴薯、培根與**調味**,小火燜煮 20 分鐘即可。最後撒上巴西里碎裝飾。

延伸吃法

如果有噴槍,可以把煮好的馬鈴薯加少許牛奶混勻,上面鋪起司後烤一下,做成小朋友最愛的焗烤馬鈴薯。

CHAPTER 3

VEGETABLE

可用鍋具

【 烤肉爐 】

烹調時間

10 min

食譜份量

炭烤甜椒

傳統的義式配菜。甜椒高溫烤過後
滋味更甜，也能去除很多人討厭的
椒味，而且能補充維生素 C。烤完
之後用橄欖油泡著，可以保存二至
三天。

材料準備

紅甜椒 2 顆
黃甜椒 2 顆

調味
醬油 5g
黑胡椒 1g
橄欖油 10g

做 法

1 甜椒洗淨後直接丟入炭火中。

2 一邊翻面一邊烤至甜椒整顆焦黑。
　　TIP 別怕烤過頭，一定要烤到整顆焦黑才好去皮。

3 一邊沖水一邊剝除外層的焦皮後，加上**調味**即
　　可享用。

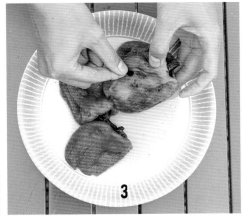

CHAPTER 3

VEGETABLE

可用鍋具

【 平底鍋 】

烹調時間

10
min

食譜份量

山藥磯邊燒

山藥富有多醣體,很適合在一日爬山行程中用來補充能量。在山上路邊,常有小農販售自產自銷的山藥,巧遇時不妨試試看。

材料準備

山藥 150g
味付海苔 10 片　　**調味**
沙拉油 適量　　胡椒鹽 適量

做　法

1 山藥洗淨削皮、切成約 1 公分厚片後,剪一小片海苔,把山藥片夾起來。
　TIP 山藥的黏液會造成雙手發癢,處理時建議戴手套或在手上套塑膠袋。

2 鍋中倒 0.3 公分深的油,鍋熱後排入山藥片,用小火煎熟,撒上適量胡椒鹽即可。
　TIP 如果喜歡脆口的感覺,一面煎 2 分鐘即可。喜歡鬆軟一點就煎到全熟,大約 5～6 分鐘。若購買的是日本生食級山藥,稍微煎過就可以吃了。

延伸吃法

・在兩片山藥中間夾入起司、明太子,就是涮嘴的小點心。
・切薄一點再煎,當山藥薯片吃也很對味。

蔥炒
小山芋

小芋頭不需要煮到鬆軟，帶有
微微的脆口感更好吃。用剝好的
當季菱角、蓮藕或大芋頭來製作
也很適合。平日在家，
也能做好後冷藏當常備
小菜，保存期約五天。

材料準備

小芋頭 200g
蔥 2 支
薑絲 10g

調味
麻油 15g
米酒 40g
水 20g
鹽 2g

裝飾（可省略）
起司粉 10g

做 法

1 小芋頭洗淨削皮後，切成 0.5 公分厚的片狀。蔥切長段。

2 鍋子預熱，放入麻油、蔥段、薑絲、小芋頭片，略微拌炒後
加米酒、水，蓋上蓋子。

3 用小火燜約 7 分鐘至小芋頭變軟後，加鹽調味，等底部微焦
且呈現些微透明感時取出，撒上起司粉即可。

可用鍋具

【 平底鍋 】

烹調時間

10
min

食譜份量

VEGETABLE

奶油燉野菇

香菇料理很適合野外，因為不需清
洗且攜帶方便，乾鍋就可以烹調。
烹調所有新鮮菇類時，切記不能加
水，香氣才會足夠。

可用鍋具

[平底鍋]

烹調時間

6
min

食譜份量

材料準備

鴻喜菇 1 包
鮮香菇 4 朵
杏鮑菇 2 根
洋蔥 半顆

調味
奶油 30g
鹽 3g
白胡椒 1g
水 30g

做　法

1 杏鮑菇切滾刀塊，鴻喜菇切除根部後剝散，洋蔥切絲。

2 乾鍋放入鴻喜菇、鮮香菇、杏鮑菇，用大火煎至有香氣、出水。

3 再放入洋蔥絲與**調味**炒香即可。

延伸吃法

拌入煮好的義大利麵或烏龍麵,就是豐盛的一餐野菇麵。

CHAPTER 3

VEGETABLE

燉煮娃娃菜

耐放的娃娃菜、大白菜或高麗菜,都是山上
常有的農產品,有時候爬山路邊都會賣,而
且本身甜度足夠,簡單調味就很好吃,非常
適合在戶外烹調。

可用鍋具

〔 平底鍋 〕

烹調時間

(10 min)

食譜份量

👤👤👤👤

材料準備

娃娃菜 4 顆
薑絲 5g
水 適量

調味
白味噌 20g
柴魚醬油 10g

裝飾(可省略)
柴魚絲 5g

做 法

1 鍋中放入娃娃菜與薑絲,再加
水到蓋過蔬菜約四分之一後,
開火煮軟。

2 取少許湯汁加入**調味**混勻,再
倒回鍋中煮至濃稠即可。最後
撒上柴魚絲裝飾。

延伸吃法

添加一些豬肉片和娃娃菜一起
在鍋中煮軟、調味,減少步驟 **2**
的燉煮時間,做成美味的味噌
豬肉也很適合。

可用鍋具

【燉鍋】

烹調時間

30
min

食譜份量

大頭菜滷豆腐

冬日盛產的大頭菜，不論是燉煮或涼拌都
很美味。用櫻花蝦添加適當海味，更能突
顯冬季土地孕育出的甘甜。

材料準備

大頭菜 300g
油豆腐 1 塊（100g）
水 300g

調味
糖 10g
淡醬油 30g
櫻花蝦 5g

裝飾（可省略）
蔥花 5g

做　法

1　大頭菜削皮後切滾刀塊。

2　鍋中放水、油豆腐與大頭菜後，燉煮
　　約 20 分鐘至大頭菜變軟。
　　TIP 水滾後用小火燉煮，比較不會燒焦、
　　　　　且更容易入味。

3　加入**調味**後續煮 5 分鐘，最後撒上蔥
　　花即可。

延伸吃法

煮好後加些丸子、黑輪
一起煮熟，就是速成版
的關東煮。

CHAPTER 3

VEGETABLE

【可用鍋具】

【平底鍋】

【烤肉爐】

烹調時間

3 min

食譜份量

煎烤蘿蔓佐鹽昆布

我最早吃到這道菜是在東京「敘敘苑」燒肉，當時是用高麗菜做成沙拉，鹽昆布提出了葉菜的甜美，且藉由短暫燒烤減少生菜的青味後，連不愛吃菜的小朋友都會喜歡。在多是大魚大肉或重口味的野炊料理中，很適合用來解膩。

材料準備

蘿蔓 1 顆

調味
鹽昆布 3g
橄欖油 5g

裝飾（可省略）
乳酪丁 20g
小番茄 3 粒

做 法

1 蘿蔓縱對切後，切面朝下放入燒熱的鍋中，兩面乾煎約 10 秒至微上色後，起鍋切段。

> **TIP** 蘿蔓煎過後可淡化生菜的草味。也可以放在烤架上用炭火高溫炙燒 10 秒增香。

2 蘿蔓再拌入**調味**即可。最後擺上乳酪丁、切成半月形的小番茄裝飾。

延伸吃法

也可以把蘿蔓換成高麗菜（撕片狀或切絲）直接涼拌，做成沙拉享用。

可用鍋具

【平底鍋】

烹調時間

5
min

食譜份量

黑胡椒
煎雙色番茄

番茄全年皆有，尤其冬天甜度特別高。烹調可甜可鹹，可生吃也可入菜，而且方便攜帶，是很適合帶到野外、上山的食物。番茄中含有的維生素 C、植化素等，也能幫助修護運動後的肌肉損傷。

材料準備

雙色小番茄各150g

調味
鹽 3g
黑胡椒 2g
橄欖油 15g

裝飾（可省略）
綠檸檬皮絲 2g

做　法

1　將番茄去除蒂頭，放入預熱好的鍋子裡，乾煎至底部上色。

2　再加入**調味**拌勻即可。最後擺上檸檬皮絲裝飾。

延伸吃法

講究一點的，也可以淋上
少許紅酒醋、擺上乳酪，
做成開胃的義大利前菜。

CHAPTER 3

VEGETABLE

可用鍋具

【 燉鍋 】

烹調時間

20
min

食譜份量

燉南瓜

南瓜是澱粉類蔬菜，在野外時很適合用來補充體力，
以及在山上容易欠缺的纖維質。這道料理也可以換成
地瓜，一樣帶皮煮，補充豐富的纖維質與營養。

材料準備

栗子南瓜 400g

調味
醬油 30g
味醂 30g
水 120g

裝飾（可省略）
水芹葉 10g

做　法

1 南瓜洗淨後，帶皮切滾刀塊。

　　TIP 建議不要削皮，帶皮的口感更好吃。

2 放入**調味**煮滾後，轉小火煮 15 分鐘
　　即可。最後擺上水芹葉裝飾。

專欄 | COLUMN

擅用不開伙涼拌菜，
豐盛度大提升！

如果想增加料理的豐富度，又不想花很
多時間煮飯，涼拌菜是個很好的選擇。
只要和調味料拌一拌就是現成一道菜，
清爽脆口開胃，搭配肉類或海鮮的主菜
吃，還有解膩的效果。

檸香大頭菜

材料
大頭菜 1顆（約600g）
辣椒末 1支
蒜末 10g
香菜末 5g

調味
鹽 15g
糖 30g
Ⓐ 白醋 20g
辣油 10g
醬油膏 10g

裝飾
檸檬汁 15g
檸檬皮絲 2g

做法
1. 大頭菜切方片，放
入鹽醃，靜置10分
鐘出水後瀝乾。
2. 混入辣椒末、蒜
末、香菜末、調味
Ⓐ 拌勻。
3. 淋上檸檬汁、撒上
檸檬皮絲即可。

酸辣蘿蔔片

材料
白蘿蔔 150g
紅蘿蔔 50g
香菜末 15g
蒜末 10g
辣椒末 5g

調味
鹽 2g
辣椒醬 10g
Ⓐ 白醋 40g
香油 30g
糖 20g

做法
1. 用削皮刀將紅、白蘿蔔削成
薄片，加鹽醃20分鐘出水後
瀝乾。
2. 加入香菜末、蒜末、辣椒末
以及調味 Ⓐ 拌勻即可。

甜醋漬洋蔥

材料
紫洋蔥 1顆
迷迭香 1支

調味
醋 90g
蜂蜜 100g
水 100g
檸檬汁 10g

做法
1. 洋蔥切成約1公分寬的粗絲。
2. 將洋蔥絲與迷迭香放入塑膠袋中，再倒入調味混勻即可。

椒香麻油小黃瓜

材料
小黃瓜 150g
蒜末 15g
花椒 5g

調味
鹽 5g
麻油 20g
糖 20g ⒜
醬油膏 5g
白醋 10g

做法
1. 將小黃瓜切成約4公分長段後剖半，再用刀背拍一拍。
   TIP：用菜刀拍一拍，不均勻的表面積更能吸收味道。
2. 小黃瓜加鹽拌勻，醃20分鐘出水後瀝乾。
3. 加入蒜末、花椒以及調味 ⒜ 拌勻即可。

鹽昆布高麗菜

材料
高麗菜 1/4顆

調味
鹽昆布 15g
香油 15g

裝飾
白芝麻 10g

做法
1. 高麗菜撕片狀。
2. 將高麗菜與調味放入塑膠袋中搖勻後，撒上白芝麻即可。

PLUS! 涼拌菜小祕訣

醃菜或醃小黃瓜前，先用鹽巴抓醃靜置、去除多餘水分，調味料的味道才吃得進去，口感也比較好。

CHAPTER 4

就是要 Chill！一鍋搞定一餐
主食 & 湯鍋

爬山很累的時候，不想要做很多菜，就很適合來一鍋飽足感十足的主食料理，
簡單、快速、好吃，可以迅速補充能量。在少人數露營時也很方便，
不用準備太多食材，一鍋就是一餐。還有天冷時必備的暖心湯鍋，
在山上或郊外能喝到一碗熱湯，那滋味真的是說不出來的感動！

可用鍋具

【 燉鍋 】

【 平底鍋 】

烹調時間

25 min

食譜份量

龜山風 西班牙海鮮飯

《上山下海過一夜》錄影以來最奢華的飯就是這一道！宜蘭大溪漁港的海鮮迷人而且價格便宜，有機會去千萬別錯過。來宜蘭露營前，只要先備好米，再繞到漁港挑些海鮮就對了。別想太多，愛吃什麼海鮮就大膽放進去，正是這道燉飯最吸引人之處。

材料準備

A

蝦高湯

新鮮大蝦 8 隻、蛤蜊 200g、蔥末 1 支、薑末 10g、水 350g、油 少許

➡ ①蝦子剝殼後，將蝦仁裝袋。
　②取下的蝦頭與蝦殼下鍋用少許油炒香，再加入蔥末、薑末、水。
　③煮滾後放入蛤蜊煮至殼微開，瀝出高湯、挑出蛤蜊肉裝袋。

B

調味

月桂葉 1 片、番紅花 1g、薑黃粉 1g、鹽 3g、白胡椒粉 1g、白酒 100g

➡ 全部材料裝袋。

其他材料

小卷 8 隻
洋蔥 40g（切碎）
蒜末 20g
牛番茄 100g（切末）
白米 200g
橄欖油 30g

裝飾

黃檸檬 半顆（切檸檬角）

─ ⚙ 備料 TIPS ⚙ ─

如果會經過漁港，湯底就不用準備，直接現買現煮最新鮮的漁獲！

做法

1 鍋中下橄欖油後，炒香洋蔥碎、蒜末、番茄末與白米。

2 同鍋加入Ⓐ的蝦高湯大約 500cc（約 2 杯紙杯的量），加入Ⓑ後小火煮 10 分鐘。

3 再放入小卷，開火煮 2 分鐘後關火，蓋鍋蓋燜 10 分鐘。

> **TIP** 飯要好吃，重點在於燜，一定要燜，才能減少米粒中心不熟的情況。

4 開蓋，放上蝦子、蛤蜊肉與檸檬角即可。

> **TIP** 使用生食級的新鮮蝦子，例如胭脂蝦、天使蝦，煮好飯後放進去用噴槍炙燒一下，增加香氣與色澤即可食用。如果新鮮度不夠，就跟小卷一起放入米飯中煮熟再吃。

🍴 延伸吃法

吃剩的米飯可以加入約 3 倍量的水，煮滾後打顆雞蛋做成蛋花，就能變成暖呼呼的日式雜燴粥。

CHAPTER 4

RICE

可用鍋具

[燉鍋]

烹調時間

30 min

食譜份量

梨山
高麗菜飯

高麗菜飯是冬天我常吃的炊飯，只要有高麗菜與香菇、白飯就很香甜。而且在戶外時只要煮這一道，就能同時攝取到蛋白質、蔬菜、澱粉，不想煮太多菜的時候，一鍋就能豐盛搞定一餐。

材料準備

A
醃肉

豬肉絲 100g
醃料：醬油 15g、糖 5g、胡椒 1g
➡ 全部材料搓揉均勻後裝袋。

B
蔬菜

高麗菜 1/4 顆（切絲）
紅蘿蔔 20g（切絲）
香菇 2 朵（切絲）
薑絲 20g
➡ 蔬菜切絲後裝袋。

其他材料
紅蔥頭 2.5 瓣（切末）
蝦米 10g
白米 200g
麻油 30g
水 170g

調味
蠔油 30g
糖 5g
胡椒 1g

做 法

1 用麻油煸香Ⓑ的薑絲、紅蔥頭、
蝦米後,放入Ⓐ的豬肉絲炒至半
熟,再放入Ⓑ的其他材料炒香。

2 加入洗淨的白米、水、以及**調味**。

> **TIP** · 米事先洗過、浸泡 20 分鐘再煮,會
> 比較有口感。如果是用家用電鍋煮,
> 米跟水的比例是 1:0.9,外鍋放 2
> 杯水,煮 15 分鐘後燜 15 分鐘。
>
> · 高麗菜放得多,水就要略少喔!

3 用小火煮 12 分鐘,再關
火燜 15 分鐘至飯熟即
完成。

┃延伸吃法┃

剩下的高麗菜飯,擠上
美乃滋後鋪上起司,炙
燒或烤一下,做成焗烤
也很棒!

CHAPTER 4

RICE

【 燉鍋 】

烹調時間

30
min

食譜份量

台南蝦仁飯

對於台南人來說，不是火燒蝦的蝦仁飯就
不能稱作蝦仁飯！火燒蝦是台南青鯤鯓特
產，肉厚鮮美，尤其曬成蝦乾後韻十足，
比較少在餐廳見到。如果有機會來台南露
營，一定要做做看這道吸收火燒蝦鮮美精
華的炊飯。

材料準備

火燒蝦仁 100g
蔥 4 支（切段）
薑絲 10g
白米 200g
豬油 30g
水 240g

調味
蠔油 30g
味醂 15g
柴魚粉 2.5g

≡ 備料 TIPS ≡

買不到火燒蝦仁也可以用白蝦或
其他品種的蝦子代替，但如果要
做出正宗的台南蝦仁飯，就非火
燒蝦不可！

做 法

1 用豬油炒香蔥段、薑絲、蝦仁。

2 同鍋加入**調味**與一半的水煮滾，
夾出蝦仁。

3 再加入洗淨的白米與另一半水。

4 蓋鍋蓋、小火煮 12 分鐘，再關
火燜 15 分鐘至飯熟。

5 最後鋪上蝦仁即可。

CHAPTER 4

RICE

可用鍋具

【 燉鍋 】

烹調時間

30
min

食譜份量

新社菇菇炊飯

身為正港台中人,新社是我們的後花園,所產香菇肉厚味美、口感十足,也是全台菇類產量的最高產地。到台中露營,香菇是一定要買的伴手禮,做成炊飯,感受米與菇的雙重彈牙口感在嘴裡跳動!

A

去骨雞腿 1 隻（切塊）
醃料：醬油膏 10g、白胡椒 1g、
　　　香油 10g

➡ 全部材料搓揉均勻後裝袋。

醃肉

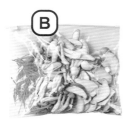

B

綜合菇 100g（包含香菇、鴻喜菇、
杏鮑菇，切片）
紅蘿蔔 10g（切絲）

➡ 所有材料切好後裝袋。

蔬菜

其他材料
白米 200g
水 220g

調味
醬油 30g
味醂 15g
柴魚粉 5g

裝飾（可省略）
香菜 5g

做　法

1 取鍋放入Ⓐ的雞肉，雞皮朝下，將雞皮煎上色（五分熟狀態）。

2 接著加入Ⓑ再炒 1 分鐘後，取出雞肉與蔬菜。

3 同鍋放入洗淨瀝乾的白米、水和**調味**，小火煮 12 分鐘。

4 時間到後，放回雞肉與蔬菜，再關火燜 15 分鐘至飯熟即完成。最後擺上香菜裝飾。

延伸吃法

沒吃完的話，可再加入
飯量兩倍的牛乳與少許
起司絲再燉軟，做成野
菇燉飯也很美味。

1

2

3

4

CHAPTER 4

RICE

可用鍋具

【燉鍋】

烹調時間

30
min

食譜份量

128 / 129

北港麻油雞飯

山上氣溫比較低，有時我就會煮一些吃完會
暖和的菜。老薑與麻油可溫補身體，很適合
野炊食用。這道料理我使用了糯米，如果覺
得不好消化也能換白米喔！用同樣的配料，
將米飯換成義大利麵也很好吃。

材料準備

醃肉

雞腿 200g（切塊）
醃料：醬油膏 20g、
　　　白胡椒 1g、
　　　香油 10g

→ 全部材料搓揉均勻後裝袋。

其他材料
薑片 20g
雪白菇 80g（剝散）
糯米 200g
麻油 30g
水 180g

調味
米酒 50g
醬油 30g
味醂 15g
鹽 2g

裝飾（可省略）
枸杞 5g

做法

1 鍋中下麻油煸香薑片，放入Ⓐ的雞肉炒至半熟後，再放入雪白菇炒香。

2 同鍋加入洗好的糯米、水以及**調味**。

3 小火煮 12 分鐘，再關火燜 15 分鐘至飯熟即完成。最後撒上枸杞裝飾。

CHAPTER 4

NOODLE

可用鍋具

【 燉鍋 】

烹調時間

30
min

食譜份量

茄汁
義大利麵

野外煮麵最困難的是水的負重。義大利麵
的吸水率準確,不需要太多水也能煮熟,
除了能減少飲水使用外,透過煨煮的過
程,也會變得更入味。如果喜歡吃海鮮,
額外添加海鮮一起燉煮,變化成海鮮茄汁
麵,層次更豐富。

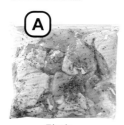

Ⓐ

雞腿 100g（切塊）
醃料：鹽 1g、義大利綜合香料 1g、
　　　橄欖油 10g

→ 全部材料搓揉均勻後裝袋。

醃肉

其他材料
牛番茄 200g（切小丁）
洋蔥 半顆（切絲）
蒜末 20g
乾辣椒 1g
橄欖油 30g
義大利麵 200g

裝飾（可省略）
羅勒葉 2g
起司粉 5g

調味
鹽 4g
黑胡椒 1g
番茄醬 50g
糖 3g
白酒 30g
水 550g
起司粉 20g

1 鍋中放橄欖油，放入Ⓐ的雞腿肉，雞皮朝下，將雞皮煎上色。

2 同鍋放入蒜末、洋蔥、乾辣椒炒香。

3 再加入番茄，燉煮至番茄軟化。

4 接著放入義大利麵與**調味**後，蓋鍋蓋煮 12-15 分鐘。

> **TIP**　·水量可視火力等情況增加，注意一定要讓義大利麵整個浸泡在湯裡。
> 　　·口味較淡的人，起司粉可依個人喜好的鹹度在最後酌量加入。

5 起鍋前撒上起司粉與羅勒葉即可。

什錦拌粉絲

這道老少咸宜的韓國家常菜,改良成簡易的野炊版本後,很適合當作露營時的大鍋主食,尤其是在人多的時候,把豐富的配料放進鍋裡拌炒,短時間就能完成,可以快速填飽肚子。而且只要不放肉,就是茹素者也能食用的時蔬粉絲,非常方便。

可用鍋具

【平底鍋】

烹調時間

8
min

食譜份量

A

牛肉 100g（切薄片）

醃料：醬油 30g、糖 10g、蒜末 10g、
　　　薑末 10g、麻油 20g

　　➡️　全部材料搓揉均勻後裝袋。

醃肉

B

高麗菜 80g（切細絲）
洋蔥 1/4 顆（切細絲）
南瓜 30g（切細絲）
胡蘿蔔 35g（切細絲）
鮮香菇 3 朵（切片）

　　➡️　所有蔬菜切絲後裝袋。

蔬菜

其他材料
雞蛋 1 顆
菠菜 20g（切段）
韓國粉絲 150g（乾的重量）
油 適量

調味
醬油 12g
糖 6g
麻油 15g

裝飾（可省略）
白芝麻 10g

2　　　　　　　　　3　　　　　　　　　4-1　　　　　　　　4-2

做　法

1 粉絲用熱水泡軟備用。

2 鍋中放油，打入雞蛋炒至半熟後，放入Ⓑ與菠菜炒香。

　　TIP 雞蛋不用先打散，整顆打入鍋中拌炒，可以同時享受到蛋白和蛋黃的風味。

3 將蔬菜料稍微撥到鍋邊，同鍋放入少許油，放入Ⓐ的牛肉片炒香。

4 再加入粉絲、**調味**拌炒均勻，約 2 分鐘即可。最後撒上白芝麻裝飾。

延伸吃法

吃剩的粉絲依個人口味加點辣豆瓣醬，就是中式風的螞蟻上樹。

CHAPTER 4

NOODLE

可用鍋具

[平底鍋]

烹調時間

5
min

食譜份量

韓式辣炒年糕

快速，是我給這道菜的形容。不管在家裡或戶外，做這道料理都一樣
方便，有火就行，而且百分之百不會失敗。如果想要更有飽足感，可
以準備韓式泡麵一同放入，不僅增加份量也更美味。

材料準備

韓式年糕 400g
洋蔥 半顆（切絲）
高麗菜 80g（剝大片）
韓國魚板 2 片（切長條狀）

調味
韓式辣椒醬 50g
醬油 10g
糖 30g
蜂蜜 15g
水 340g

裝飾（可省略）
白芝麻 適量

做 法

1 年糕用熱水泡軟備用。

2 鍋中放入**調味**、洋蔥、年糕，用中小火煮至微稠。

3 同鍋再放入高麗菜與魚板煮至濃稠即可。

4 最後撒上白芝麻裝飾。

〔燉鍋〕

〔平底鍋〕

烹調時間

10 min

食譜份量

日式強棒拉麵

源自日本長崎的地方料理,特點是以大量蔬菜為配料。有點中式炒青菜加肉湯的感覺,但滋味更有層次。對於不愛吃菜的大小朋友,這樣的料理接受度高又健康,而且在戶外烹調方便,又有熱湯喝,可以一碗補足一餐需要的營養。

材料準備

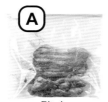

A

豬五花肉片 100g
醃料:鹽 2g、黑胡椒 1g

　　➡ 全部材料搓揉均勻後裝袋。

醃肉

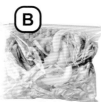

B

大白菜 1/4 顆(切粗絲)
洋蔥 半顆(切粗絲)
荷蘭豆 50g(斜切對半)
玉米粒 50g、木耳 10g(切粗絲)
蔥白 20g(切段)、薑絲 5g

　　➡ 全部蔬菜切好後裝袋。

蔬菜

其他材料

蛤蜊 100g
花枝 50g(切片、表面劃刀)
豆芽菜 90g
日式熟拉麵 200g

調味

味噌 60g
糖 7g
牛奶 200g
水 600g
鹽 適量

┋ 備料 TIPS ┋

這道菜的特色就是配料豐富,喜歡什麼青菜,切成絲放一起炒就對了。如果想要保留脆口度的菜(例如豆芽菜),就不要一起炒,晚一點再丟進去煮。

做　法

1 乾鍋大火炒香Ⓐ的豬肉，再放入Ⓑ快炒。

2 加入**調味**後煮滾，放入花枝、蛤蜊、豆芽菜
　 煮熟後，將料取出。

3 放入拉麵燜煮一下，煮熟後就可以和配料一
　 起盛盤享用。

╱延伸吃法╱

不想吃麵的人，可以在蔬菜炒
料中打顆雞蛋、加少許太白粉
水勾芡後，淋在熱飯上做成類
似天津飯的燴飯。

CHAPTER 4

NOODLE

可用鍋具

【平底鍋】

烹調時間

15
min

食譜份量

泰式酸辣米粉

涼拌菜可省去烹調時的油煙，也是到戶外露營時很方便
製作的料理。這道菜只需要準備一鍋熱水將材料燙熟，
然後淋上醬汁、拌在一起就能吃了。事先將醬料做好，
不僅幫助熟成，攜帶也方便。

材料準備

Ⓐ 魚露 50g、檸檬汁 60g、
糖 50g、辣椒末 25g、
蒜末 20g

➡ 全部材料裝袋，
熟成一晚。

醬汁

其他材料

豬肉片 80g
花枝 80g（切片、劃刀）
草蝦 4 隻
（去中間殼、留頭尾）
魚片 50g
香菜 20g（切末）
小番茄 10 顆（切半月形）

紫洋蔥 30g（切細絲）
米粉 200g
鹽 少許

裝飾（可省略）
香菜 適量

做 法

1 起一鍋熱水，將米粉汆燙至半熟後取出，放在碗裡
蓋鍋蓋燜 5 分鐘備用。

2 同一鍋水加鹽後，放入豬肉片、花枝、草蝦、魚片
燙熟後取出備用。

3 將米粉拌入香菜末後盛盤，鋪上小番茄、紫洋蔥以
及燙好的材料，再淋上Ⓐ、擺上香菜裝飾即可。

延伸吃法

想要吃熱湯版本，可以把醬汁多一倍。先滾
一鍋約 **500g** 的水後，依序放入醬汁、肉
片、米粉、海鮮、蔬菜煮熟，做成泰式酸辣
海鮮粉。

可用鍋具

【燉鍋】

【深平底鍋】

烹調時間

25 min

食譜份量

馬賽魚湯

台灣除南投外,各個城市都有自己的港灣。旅遊前不妨調查一下,別錯過各地漁港,只要有新鮮的魚,這道南法大菜幾乎就已經完成了。馬賽魚湯的湯汁吸收了鮮美的海味,用來沾麵包吃,吸附滿滿精華的滋味,絕對令人難忘。

材料準備

A

馬頭魚 1 隻
草蝦 4 隻(開背)
蛤蜊 300g
透抽 1 隻

→ 海鮮洗淨、加 2g 鹽
(材料份量外)後裝袋。

海鮮

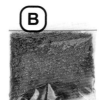

B

義式綜合香料 3g、黑胡椒 1g、
月桂葉 3 片、番紅花 1g、
番茄糊 50g、白酒 100g

→ 全部材料裝袋。

調味

其他材料

蒜仁 4 瓣
洋蔥 1 顆(切粗絲)
西芹 2 支(切長段)
紅蘿蔔 30g(切塊)
牛番茄 150g(切塊)
水 700g
油 適量

裝飾(可省略)
新鮮迷迭香 1 支

1 鍋中倒油、大火加熱後放入馬頭魚。

TIP 馬頭魚不需去鱗片，加熱後便會融化。

2 煎至上色後翻面。

3 在魚的四周放入蒜仁、洋蔥、西芹、紅蘿蔔、牛番茄炒香，並炒至番茄軟化。

4 加入Ⓑ跟水煮滾後，轉小火續煮 10 分 鐘左右。

5 放入草蝦、蛤蜊、透抽，再次煮滾。

6 最後以迷迭香裝飾即完成。

延伸吃法

先吃料，剩的湯汁放入米飯煨煮一下，讓米粒吸附滿滿的海味，再加些鹽調味，就成了海鮮燉飯。

可用鍋具

【燉鍋】

【深平底鍋】

烹調時間

30
min

食譜份量

水梨雞湯

做這道菜的時候,大約是在 10-12 月盛產水梨的季節,當時我剛好到苗栗去露營。旅行露營的期間,購買當地盛產的新鮮水果入菜,便宜又好吃,也是野炊的一大樂趣。這道湯的甜度完全來自水梨本身,不需要添加過多調味,也可以加點木耳增加膠質,更養生。

材料準備

土雞腿 1 隻(切塊)
水梨 2 顆(切半月形厚片)
薑片 5g
紅棗 15g
蛤蜊 10 個
水 600g

調味
鹽 適量

做 法

1 土雞腿下鍋煎至半熟,再放入水梨、薑片、紅棗與水,開小火煮 20 分鐘。

> **TIP** 燉煮 20 分鐘的雞肉較有口感,如果喜歡肉質軟嫩一點,就延長時間至 40 分鐘。

2 再放入蛤蜊煮到開殼後,加少許鹽調味即可。

可用鍋具

[燉鍋]

[平底鍋]

烹調時間

8 min

食譜份量

韓式嫩豆腐湯

晚餐、宵夜的好幫手！也是主菜煮好前，先止飢果腹的快速料理，一鍋到底、用大炒鍋也能完成。若想要更有份量感，就加入辛拉麵吧！喜愛起司的人，在煮好前加入幾片，也很對味。所有能吃辣的朋友，務必在露營時做做看。

材料準備

豬肉火鍋片 200g
豬絞肉（肥 3 瘦 7）60g
文蛤 10 顆（先吐沙）
蒜末 30g
蔥末 30g
洋蔥 30g（切絲）
綠櫛瓜 100g（切半圓片）
嫩豆腐 1 塊
黃豆芽 50g
雞蛋 1 顆
青辣椒 1 根（切斜片）
紅辣椒 10g（切斜片）

調味

韓式芝麻油 30g
韓式辣椒粉 30g
韓式淡醬油 30g
高湯或水 700cc

做　法

1 起鍋熱芝麻油，放入豬絞肉煸香，接著加入蒜末、蔥末炒香，再加入辣椒粉、醬油調味後，加入洋蔥絲炒香。

2 接著放入高湯、綠櫛瓜、文蛤，將嫩豆腐挖成一塊一塊加入滾煮。

3 最後放上豬肉火鍋片、黃豆芽，中間打入雞蛋，再擺上青紅辣椒片即完成。

CHAPTER 4

SOUP

可用鍋具

【燉鍋】

【深平底鍋】

烹調時間

15
min

食譜份量

味噌豆漿豬肉湯

早上煮一鍋，可快速補充蛋白質與蔬菜，作為一天精力的來源，喝多也不會膩。準備便利超商的飯糰搭配著吃，即使飯是冷的也不覺得空虛，還可以補足爬山所需的熱量。

材料準備

Ⓐ

蔬菜

馬鈴薯 1 顆（切半圓片）
胡蘿蔔 半條（切半圓片）
白蘿蔔 半條（切半圓片）

→ 全部蔬菜切片後裝袋。

其他材料
白菜 1/2 顆（切大片）
蒟蒻 50g（切花刀）
豬肉片 300g
水 300g

調味
豆漿 300g
味噌 50g
味醂 50g

做　法

1 起一鍋滾水，放入Ⓐ，煮約 5 分鐘至馬鈴薯變軟。

2 接著加入白菜、蒟蒻再次煮滾後，豬肉片也放進去煮滾。
> **TIP** 喜歡白菜軟爛口感的人，可以煮久一點，等白菜煮軟再丟進肉片。

3 最後放入**調味**，煮至微滾即可。
> **TIP** 加入豆漿後不要煮到沸騰，開始冒小泡泡後即可關火。

可用鍋具

【燉鍋】

【深平底鍋】

烹調時間

35
min

食譜份量

義式蔬菜湯

可以是湯，也可以是燴菜、醬料。這道料理的自由度很高，適合野營時準備，臨時想要變換菜色都沒問題。而且，肉類、海鮮等任何蛋白質加進去都好吃。另外準備好麵或麵包，就能快速完成美味的一餐。

材料準備

A

湯料

牛番茄 300g（切小丁）　　紅蘿蔔 50g（切小丁）
洋蔥 半顆（切小丁）　　　培根 5 片（切小丁）
西芹 1 根（切小丁）　　　月桂葉 1 片
高麗菜 100g（切小丁）

➡ 把材料切丁後裝袋。

其他材料

橄欖油 適量
白酒 50g
番茄糊 50g
起司粉 20g
水 600g
鹽 8g
胡椒 適量

裝飾（可省略）
檸檬皮絲 2g

做　法

1 鍋中倒入適量橄欖油，放入 Ⓐ 炒香。

2 加入白酒，燉煮至酒精揮發。

3 再加入番茄糊、起司粉與水，續煮約 30 分鐘。

> **TIP** 如果想要蔬菜保持爽脆口感，燉煮 15 分鐘就好。

4 最後放少許鹽與胡椒調味即可。擺上檸檬皮絲裝飾。

沒有電鍋，也能煮出粒粒分明的白飯

比起用電鍋或電子鍋煮的白飯，我更喜歡直接把米放在鍋裡用火煮，香氣足、Q度夠，有時候底部還有薄薄一層鍋粑。身為鍋煮白飯的愛好者，就算到了野外，想來碗熱騰騰白飯也是正常的需求，不但搭配各種燉菜、湯鍋都適合，也能快速補充勞動過後需要的能量。接下來，就要教大家煮出好吃白飯的方法。

米加水後，淋上少許的油。　　　　煮好後的白飯粒粒分明。　　　　底部有少許鍋粑。

做　法

1. 米先洗過後瀝乾加水。
   米：水的比例為1：1.2。
   若在高山上，米：水則為1：1.5或1.2。

2. 加少許油，大概一湯匙就夠了。

3. 蓋鍋蓋後小火煮12分鐘，關火。

4. 不開蓋直接燜15分鐘，完成！

PLUS! 讓白飯更好吃的小祕訣

★ 米一定要先洗過，煮好後比較有口感。

★ 如果是用電鍋，米和水的比例可以減少
　 到1：0.9（喜歡軟一點的口感就增加到
　 1：1～1.2）。

CHAPTER 5

打卡 PO 一波！視味覺都滿足
早餐 & 甜點

通常在戶外不會花太多時間準備早餐，簡簡單單的吐司、煎蛋就是一餐，
但每次都這樣吃，還是想要來點不一樣的！在這個章節裡，我提供了幾項早餐的新選擇，
用現成麵包加點變化，一樣快速、簡單，但味道非常值得一試。
還有利用吐司做成的蘋果蛋糕、香蕉煎餅，當成網美下午茶也毫不遜色！

CHAPTER 5

BREAKFAST

百香果昔碗

這道速成的美麗果昔碗,最適合露營時慵懶愜意的早晨。輕鬆拌一拌就好,想加什麼水果、堅果都隨意,還可以用百香果籽補充在戶外較難攝取到的蔬果纖維。酸甜的百香果加上優格、蜂蜜的組合,絕對能擄獲女生的胃,用清爽的一餐為一天揭開序幕。

烹調時間

5
min

食譜份量

材料準備

百香果 5 顆
優格 500g
蜂蜜 適量

配料
燕麥脆片 50g
草莓 3 顆
藍莓 10 顆
紅石榴 20g
柳橙 1 顆
椰子絲 適量
薄荷 4 片

做 法

1 將百香果、優格拌勻後,依照個人口味添加蜂蜜。

2 草莓切片,紅石榴取出果肉,柳橙剝皮、剝成一瓣一瓣的果肉,依個人喜愛擺上**配料**即可。

⫶ 備料 TIPS ⫶

配料可以自由替換喜歡的水果或麥片、穀物、堅果等,也很推薦到當地購買產季水果,便宜又好吃!

可用鍋具

[平底鍋]

烹調時間

10 min

食譜份量

莓果法式吐司

法式吐司光是淋上蜂蜜就很美味,再點綴上鮮豔欲滴的草莓,就像是網美風咖啡店的商品,在戶外端出來時,肯定受人矚目。若喜歡更 Q 彈的口感,可改用歐式麵包製作,鬆軟一點的話,用饅頭也很好吃。

材料準備

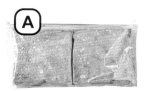

Ⓐ

浸泡吐司

雞蛋 2 顆
牛奶 200g
蜂蜜 20g
肉桂粉 1g
厚片吐司 2 片

➡ 將雞蛋、牛奶、蜂蜜、肉桂粉拌勻後放入厚片吐司,裝袋浸泡一晚。

其他材料
無鹽奶油 30g
蜂蜜 15g
草莓 9 顆
藍莓 8 顆
野莓 5 顆

裝飾(可省略)
糖粉 適量
薄荷葉 2 片

≋ 備料 TIPS ≋

法式吐司一定要用厚片吐司做,才能確實吸飽蛋液,煎出 Q 彈口感。

做　法

1 熱鍋後放奶油，再放入Ⓐ的吐司，用小火煎 5-8 分鐘。

> **TIP** 吸到吐司內的蛋奶汁液會凝固，是法式吐司 Q 彈有口感的關鍵原因，一定要浸泡一晚才會好吃。

2 小火慢慢煎到兩面金黃，觀察吐司表面略略膨起即可。

3 吐司切塊，或是擺上草莓等莓果後，淋蜂蜜、撒糖粉、裝飾薄荷葉即可。

> **TIP** 莓果也可以換成香蕉、葡萄、奇異果等自己喜歡的水果，但注意不要選擇出水量太高的種類，以免水分過多破壞吐司的口感。

法式吐司的重點在浸泡蛋液的時間。

以前我也是很快泡一下就拿起來煎，直到有次在歐洲的法式吐司專賣店吃到浸泡過後小火慢煎的版本，徹底顛覆我對法式吐司軟爛的印象，口感 Q 彈，完全對得起一份10歐元的高價。

很推薦大家露營或登山的早餐吃這道法式吐司，睡前泡起來，隔天早上煎一煎，搭配水果或是淋蜂蜜都無敵美味。

現煮芋泥貝果

爬山時很常在路邊看到芋頭攤。芋頭是很棒的醣類來源，不僅可提供飽腹感，且含有豐富的纖維，熱量比一般澱粉還低。這個野炊版本的芋泥做法非常簡單，切成薄片後加水煮到鬆軟，用筷子撥一撥，不用費力搗就會變成泥。

可用鍋具

〔平底鍋〕

烹調時間

15
min

食譜份量

材料準備

貝果 1 個
芋頭 300g
奶油乳酪 40g
水 300g

調味
蜂蜜 50g
牛奶 170g
煉乳 20g
鹽 1g

裝飾（可省略）
黑芝麻 3g

做 法

1 芋頭切薄片後，加水煮約 12 分鐘，煮到芋頭可用筷子輕易穿過的程度。

> **TIP** 芋頭外皮較硬、不易煮軟，建議將外皮削除 1.5 公分，吃起來就不會有硬硬的感覺。

2 放入**調味**，煮至收汁。

> **TIP** 牛奶是用來調節芋泥的軟硬度，不要一次全下，分次酌量加入，一邊攪拌到芋泥呈現綿滑的程度即可。

3 用筷子等器具劃圈拌勻成泥（不用太細、可保留微 Q 的口感）。

4 貝果切半，先塗抹奶油乳酪，再抹厚厚一層芋泥，最後撒上黑芝麻即可。

CHAPTER 5

BREAKFAST

可用鍋具

[平底鍋]

烹調時間

5
min

食譜份量

彩虹乳酪吐司

酥香的烤三明治,外層有蛋香,內餡夾入半融化的起司,單純的組合,卻讓大人小孩都愛不釋手。利用一點天然色粉讓吐司切面變得五彩繽紛,簡單的做法很適合在戶外享用,好吃又有趣。

材料準備

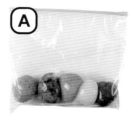

五色起司

Ⓐ 莫札瑞拉起司絲 100g
調味粉:咖哩粉 2g、抹茶粉 0.5g、
　　　　紫地瓜粉 2g、草莓粉 2g

① 將起司絲分成五等分（各約20g）,其中 4 份加入色粉。

② 微波加熱約 10 秒至稍微融化後,將色粉混入起司中染色均勻。

③ 再用保鮮膜包覆後裝袋。

其他材料
吐司 2 片
雞蛋 2 顆
無鹽奶油 30g

①

②

③-1

③-2

1 鍋中先放入奶油融化，倒入蛋液。

2 等蛋液略熟時，放上兩片吐司。

3 蛋液熟透前，將蛋皮從兩側往內折。

TIP 趁蛋液完全凝固前包覆，才能讓蛋液自
然固定在吐司上。

4 把Ⓐ的五色起司搓成長條狀，排到其中一片吐司上。

5 將另一片吐司連同蛋皮折起來蓋到起司上，用鍋鏟一邊壓一邊煎。

6 慢慢煎到吐司上色，利用熱度讓起司融化即可。

CHAPTER 5

BREAKFAST

可用鍋具

【 小燉鍋 】

烹調時間

10
min

食譜份量

水波燻鮭麵包

只要滾一鍋水煮個滑嫩的水波蛋,搭配現成的煙燻鮭魚,拌一個清爽的檸檬美乃滋,奢華的英式早餐就完成了。雞蛋是優質蛋白,烹調到五分熟更好消化。用麵包沾裹著半熟蛋黃,也能讓麵包吃起來更濕潤。

材料準備

馬芬 2 個
燻鮭 40g
雞蛋 2 顆
奶油乳酪 20g
芝麻葉 20g

調味 A
檸檬汁 10g
鹽 2g

裝飾(可省略)
黑胡椒粒 少許
黃檸檬皮絲 少許

調味 B
美乃滋 60g
檸檬汁 15g
黑胡椒 2g

做 法

1 起一鍋水加熱至小滾(70 度),加入**調味 A** 後用湯匙在水面畫圈,做出一個漩渦後,在漩渦中心放入雞蛋,煮到自己喜歡的熟度後撈起。
TIP 水中加鹽與醋酸能幫助蛋白質凝結。

2 在馬芬塗抹一層奶油乳酪。

3 疊上芝麻葉與燻鮭,再放上水波蛋。

4 最後淋上混勻的**調味 B**,撒上黑胡椒粒、黃檸檬皮絲即可。

CHAPTER 5

BREAKFAST

可用鍋具

【 平底鍋 】

【 小燉鍋 】

烹調時間

20
min

食譜份量

現煮
蘋果可頌

這是奢侈的吃法，也是現煮果醬才能享受到的特權，蘋果還保持微脆的口感和清香。把現煮果醬拿來搭配可麗餅或煎鴨胸，都很適合。

材料準備

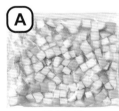

醃蘋果

青蘋果 300g
糖 100g

→ 蘋果帶皮切成 1 公分的小丁，與糖拌勻後裝袋醃一晚。

其他材料
可頌麵包 4 個
檸檬汁 15g

裝飾（可省略）
檸檬皮絲 2g

≡ 備料 TIPS ≡

青蘋果的酸度高，比起用紅蘋果製作果醬，味道更好。

做 法

1 將醃一晚的青蘋果加上檸檬汁，用小火煮約 15 分鐘至濃稠。

2 可頌剖開後，包入現煮蘋果醬即可享用。

1-1

1-2

CHAPTER 5

BREAKFAST

玉米起司
烤饅頭

國外的吃法,是在歐式麵包中抹上大蒜奶油與培根。借用這種吃法,我將麵包改成台灣人喜愛的饅頭,饅頭價格實惠,口感也不輸陣。饅頭內抹上很有台式風味的蔥醬,再搭配起司醬一起吃,可說是中西合併的滋味。

可用鍋具

【 平底鍋 】

烹調時間

15
min

食譜份量

材料準備

饅頭 2 個

蔥醬	起司醬
無鹽奶油 40g	起司絲 100g
蔥花 30g	玉米醬 100g
蒜末 5g	牛奶 50g
鹽 適量	
胡椒 適量	

1 將**蔥醬**材料混合均勻備用。

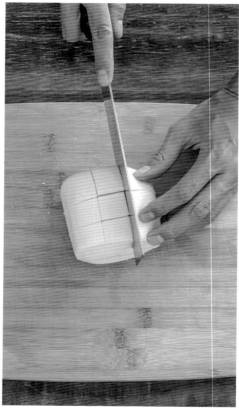

2 饅頭表面切「井字」格狀刀。

3 在格紋中間的空隙填入蔥醬。

4 將饅頭放入鍋中，用極小火乾煎至四面上色後取出。

> **TIP** ・饅頭側面也要立起來煎，才會四面都上色。
> ・若有生火，也可以把饅頭用鋁箔紙包起來，直接丟在烤火中。

5 在鍋中放入**起司醬**材料，用小火煮至融化。

> **TIP** 若覺得起司醬太濃，可以多加一點牛奶，但不能煮滾。

6 將煎好的饅頭搭配起司醬享用。

反烤蘋果蛋糕

這道甜點的誕生，其實是忘記帶塔皮出門。意外發現在戶外，用吐司取代原本製作繁複的塔皮，更快速簡便，而且過程不難，很適合帶著小孩子一起動手做，讓全家人共同享受野炊的樂趣。

材料準備

厚片吐司 3-4 片
雞蛋 3 顆
牛奶 100g   **裝飾**（可省略）
糖 40g   蜂蜜 30g
蘋果 100g   肉桂粉 1g
                   糖粉 適量

可用鍋具

［深平底鍋］

烹調時間

30 min

食譜份量

做法

1 吐司切井字、分成九塊後，浸泡入混勻的雞蛋、牛奶、20g 糖中。蘋果切成 0.3 公分薄片備用。

2 熱鍋後撒上 20g 糖，融化成糖漿後關火。

3 待糖漿稍微變涼後，將蘋果片鋪滿鍋底。

4 鋪完後剩下的蘋果加入做法 1 中與吐司混合。

5 將混勻的吐司塊和蘋果,全部放到做法 3 的蘋果片上。

6 用鋁箔紙蓋起,用手稍微壓頂部,把中間的麵包和蘋果壓得更為緊實。

7 壓上重物，用小火蒸烤約 20 分鐘。

TIP 小火慢慢燜，外層才不會因為過度高溫而燒焦。

8 烤好之後拿開鋁箔紙，確認整體已經定型成蛋糕形狀。

9 將蛋糕倒扣出來，即可淋蜂蜜，撒糖粉、肉桂粉裝飾。

可用鍋具

[平底鍋]

烹調時間

10
min

食譜份量

香蕉煎餅

在家先把粉漿調好再攜帶出門，經過時間的熟成，能
讓餅體更軟嫩可口。除了香蕉，搭配其他水果也很完
美。另外，煎好十片餅皮，再抹果醬組裝，就是簡易
版的千層蛋糕喔。

材料準備

餅皮粉漿

鮮奶 135g、
動物性鮮奶油 50g、
低筋麵粉 30g、
無鹽奶油 15g、
糖 20g、
全蛋 75g、
君度橙酒 6g、

其他材料
香蕉 1 根

裝飾（可省略）
糖粉 適量
巧克力醬 30g
薄荷葉 2 片

 全部材料用果汁機打
勻後裝罐。

做 法

1 香蕉切圓片備用。

2 熱鍋後倒入薄薄一層的Ⓐ，開小火靜置約 30 秒，待餅
皮稍微凝固。

3 在餅皮中間排上香蕉片，再將餅皮從四邊向內折起，煎
至上色即可。

4 盛盤後，淋上巧克力醬、撒糖粉、裝飾薄荷葉即完成。

3-1

3-2

3-3

CHAPTER 5

BREAKFAST

【 平底鍋 】

烹調時間

(15 min)

食譜份量

西班牙
馬鈴薯蛋餅

傳統的西班牙馬鈴薯蛋餅，是以塊狀的馬鈴薯製作，成品較為厚實，冷吃或熱吃都可以。野炊時輕鬆一點，用馬鈴薯絲加快熟成的時間。煎煮時，建議使用小型的不沾鍋，做出來比較厚實，也可避免因沾黏而難倒扣出來。

材料準備

馬鈴薯 500g
（切絲，泡水後瀝乾）
洋蔥 150g（切絲）
蒜末 10g
雞蛋 4 顆
橄欖油 100g

調味
鹽 適量
黑胡椒粉 適量

裝飾（可省略）
新鮮巴西里 2g（切碎）

做 法

1 鍋中倒入橄欖油，把洋蔥和蒜末炒香。

2 加入馬鈴薯絲煎香，不要煎出焦色。用鹽和胡椒調味。

3 等微涼後，加入蛋液拌勻。蓋鍋蓋，用小火將兩面再煎個 3-5 分鐘。

TIP 不好翻面時，可以拿個盤子倒扣，再推回鍋裡。

4 直到蛋液凝結後，即可盛盤，撒上巴西里裝飾。

台灣廣廈 國際出版集團
Taiwan Mansion International Group

台灣
廣廈

國家圖書館出版品預行編目（CIP）資料

一鍋到底瘋野炊：預前調理╳簡化烹調╳延伸吃
法，登山露營也能Chill吃美食！Outdoor主廚的野
外食驗 / 楊盛堯著. -- 初版. -- 新北市：台灣廣廈，
2021.03
　面；　公分.
ISBN 978-986-130-480-9
1.露營食譜 2.戶外料理
427.1　　　　　　　　　　　　　　　109022037

一鍋到底瘋野炊

預前調理╳簡化烹調╳延伸吃法，登山露營也能Chill吃美食！ Outdoor主廚的野外食驗

作　　　者／楊盛堯Max
攝　　　影／Hand in Hand Photodesign
　　　　　　璞真奕睿影像
部分照片提供／《上山下海過一夜》臉書
　　　　　　（p2‧3‧12‧13‧14‧15）
製 作 協 力／庫立馬媒體科技股份有限公司
　　　　　　料理123
經 紀 統 籌／羅悅嘉
經 紀 執 行／何佩珊
拍 攝 協 力／林秋慧‧程欣儀

編輯中心編輯長／張秀環
編輯／許秀妃‧蔡沐晨
封面‧內頁設計／曾詩涵
內頁排版／菩薩蠻數位文化有限公司
製版‧印刷‧裝訂／東豪‧弼聖‧明和

行企研發中心總監／陳冠蒨
媒體公關組／陳柔彣
綜合業務組／何欣穎

線上學習中心總監／陳冠蒨
產品企製組／黃雅鈴

發 行 人／江媛珍
法 律 顧 問／第一國際法律事務所 余淑杏律師‧北辰著作權事務所 蕭雄淋律師
出　　　版／台灣廣廈
發　　　行／台灣廣廈有聲圖書有限公司
　　　　　　地址：新北市235中和區中山路二段359巷7號2樓
　　　　　　電話：（886）2-2225-5777‧傳真：（886）2-2225-8052

代理印務‧全球總經銷／知遠文化事業有限公司
　　　　　　地址：新北市222深坑區北深路三段155巷25號5樓
　　　　　　電話：（886）2-2664-8800‧傳真：（886）2-2664-8801
郵 政 劃 撥／劃撥帳號：18836722
　　　　　　劃撥戶名：知遠文化事業有限公司（※單次購書金額未達1000元，請另付70元郵資。）

■出版日期：2022年12月2刷
ISBN：978-986-130-480-9